职业教育1+X证书制度试点学校推荐用书

零起点

HTML5+CSS3+JavaScript+jQuery
前端开发案例式教程

谭丽君○编著
谢　红○主审

西南交通大学出版社
·成 都·

图书在版编目（C I P）数据

零起点 HTML5+CSS3+JavaScript+jQuery 前端开发案例式教程 / 谭丽君编著. —成都：西南交通大学出版社，2021.1
ISBN 978-7-5643-7792-2

Ⅰ. ①零… Ⅱ. ①谭… Ⅲ. ①超文本标记语言－程序设计－教材②网页制作工具－教材③JAVA 语言－程序设计－教材 Ⅳ. ①TP312.8②TP393.092.2

中国版本图书馆 CIP 数据核字（2020）第 210236 号

Lingqidian HTML5+CSS3+JavaScript+jQuery Qianduan Kaifa Anlishi Jiaocheng

零起点 HTML5+CSS3+JavaScript+jQuery 前端开发案例式教程

谭丽君　编著

责任编辑	李华宇
封面设计	何东琳设计工作室
出版发行	西南交通大学出版社 （四川省成都市金牛区二环路北一段 111 号 西南交通大学创新大厦 21 楼）
邮政编码	610031
发行部电话	028-87600564　　028-87600533
网址	http://www.xnjdcbs.com
印刷	成都中永印务有限责任公司
成品尺寸	185 mm × 260 mm
印张	13
字数	277 千
版次	2021 年 1 月第 1 版
印次	2021 年 1 月第 1 次
书号	ISBN 978-7-5643-7792-2
定价	45.00 元

课件咨询电话：028-81435775
图书如有印装质量问题　本社负责退换

贵阳职业技术学院教材建设委员会

前　言

Web 前端开发主要是通过 HTML、CSS、JavaScript、jQuery 等前端技术，实现网站在客户端的正确显示及交互功能。随着互联网技术的发展和 HTML5、CSS3 的应用，现代网页更加美观，交互效果显著，功能更加强大。

本书是针对零基础读者编写的一本快速掌握 Web 前端开发的教程，内容与“1+X”Web 前端开发职业技能（初级）证书考试大纲对接，通过简洁易懂的表达方式及丰富实用的案例，让读者用最短的时间，快速迈入 Web 前端开发行列。

本书具有以下特点：

突出 Web 前端开发职业技能。本书通过 6 个实用大案例，让读者学会 Web 前端开发必备知识点和实操技能。每个大案例中先讲需要用到的 HTML、CSS、JavaScript、jQuery 知识点，再教读者如何把知识点综合运用到案例上。采用“手把手”的讲解方式，由浅入深地让零基础读者快速掌握 HTML+CSS+JavaScript+jQuery 必备的知识技能和项目操作技巧。

知识点讲解简洁易懂。本书尽量避免使用深奥的专业术语，而是采用简洁易懂的表达方式将复杂的问题简单化，多用表格、图解、框架分析的方式将抽象问题形象化，以便读者能又快又好地学懂弄懂、轻松上手，并能实践操作。

使用框架分析法讲代码。本书在讲解案例时，不是直接讲代码，而是用框架分析法将复杂的代码进行分解和形象化。

丰富的数字教学资源。本书包含配套的微课、课件、素材、代码等学习资源，读者可以通过扫描二维码获取，方便读者随时学习。

全书共 8 章，第 1 章和第 2 章主要讲解 Web 前端开发的入门知识及 HTML 标准文档结构；第 3 章 ~ 第 8 章分别介绍了 6 个实用大案例，每章都先讲解案例需要的 HTML 知识技能和 CSS 知识技能，并有对应的实操小案例，再按照 HTML 框架分析、HTML 代码、CSS 样式分析、CSS 代码流程讲解案例。第 7 章和第 8 章的实用案例分别增加了 JavaScript 和 jQuery 的知识技能、案例效果分析及编码。通过这 8 章的学习，让读者快速掌握 Web 前端开发必备的 HTML+CSS+JavaScript+jQuery 技术。本书适合作为高等职业院校计算机相关专业的教材，也适合作为 Web 前端开发爱好者的参考书。

本书由贵阳职业技术学院谭丽君编著，贵阳职业技术学院谢红主审。感谢贵阳职业技术学院郑洁、张宇薇、王喜飞制作微课。由于作者水平有限，书中难免会有不妥之处，欢迎各界专家和读者朋友们来信给予宝贵意见，我们将不胜感激。作者邮箱：308363647@qq.com。

编 者

2020 年 6 月

数字资源索引

续表

序号	名称	类型	页码	序号	名称	类型	页码
47	获取 DOM 对象属性	微课	156	56	jQuery 的鼠标事件	微课	177
48	JS 事件	微课	159	57	jQuery 效果	微课	179
49	商家底部菜单的 HTML	微课	161	58	jQuery 的基本滑动、淡出与淡入	微课	183
50	商家底部菜单的 CSS	微课	166	59	自定义动画	微课	185
51	商家底部菜单的 JS 效果	微课	170	60	自动播放轮播图的 HTML	微课	187
52	HTML+CSS+jQuery 创建轮播图	课件	172	61	自动播放轮播图的 CSS	微课	190
53	jQuery 简介	微课	172	62	自动播放轮播图的 jQuery	微课	194
54	jQuery 的选择器	微课	173	63	案例素材及程序代码	压缩文件	198
55	jQuery 的链式操作方法	微课	175				

目　录

第 1 章　初识 Web 前端开发

随着互联网的飞速发展，人们的工作、生活、学习、娱乐、购物等都离不开网络。对于浏览网页，大家并不陌生，但对于网页制作的初学者来说，Web 的相关概念、网站的制作流程、Web 前端开发工具，就是必须要学习的内容，也是本章要学习的内容。

【学习目标】

（1）了解什么是 Web；

（2）了解什么是 Web 前端、Web 后端；

（3）熟悉 Web 网站开发流程；

（4）学会下载和安装 Hbuilder；

（5）学会下载和安装 Chrome。

1.1　初识 Web

1. Web

Web（World Wide Web）即全球广域网，也称为万维网，是一种基于超文本和 HTTP（超文本传输协议）、全球性、动态交互、跨平台的分布式图形信息系统，是建立在 Internet（因特网）上的一种网络服务，为用户在 Internet 上查找和浏览信息提供了图形化的、易于访问的直观界面，其中的文档及超级链接将 Internet 上的信息节点组织成一个互为关联的网状结构。通俗地讲，Web 是指在 HTTP 基础之上，利用浏览器访问的网站。

课件：初识 Web 前端开发　　　　微课：初识 Web 前端开发

2. Web 前端

Web 前端指的是直接与用户接触的网页，在网页中看见的内容都叫 Web 前端。

3. Web 后端

Web 后端主要指程序、数据库和服务器层面的开发，用编程语言实现网页上的业务逻辑和各功能模块的代码，如网页中的登录、注册、搜索等功能，就需要 Web 后端来实现。

4. Web 网站开发流程

Web 网站开发流程如图 1-1 所示。

图 1-1　Web 网站开发流程

（1）美工设计：对网站各个页面进行图样设计，通常使用 Photoshop 软件。

（2）Web 前端：主要完成网页的页面布局。Web 前端开发必须掌握以下三种基本技能：

① HTML：又叫超文本标识语言，通过 HTML 标识名，让网页知道要显示什么元素。

② CSS：又叫层叠样式表，通过 CSS 代码，给网页中的元素加上样式，实现网页的美化效果。

③ JavaScript：是一种脚本语言，用 JavaScript 给网页元素添加相应的效果和交互。

（3）Web 后端：使用程序设计语言实现网页上的业务逻辑和功能。常用的后台程序设计语言有 PHP 和 Java。Web 后端还需要数据库技术，常用的数据库为 MySQL。

（4）测试：Web 前端和后端完成后，还需要不断测试，找出 Bug，修复错误。

（5）上线运营：测试成功后，才能上线运营。

1.2　Web 前端开发相关工具下载和安装

Web 前端开发相关工具如表 1-1 所示。

表 1-1　Web 前端开发相关工具

Web 前端开发相关工具	软件名称
Web 前端开发工具	HBuilder、NotePad++
浏览器	Chrome（谷歌浏览器）、IE 浏览器、Firefox（火狐浏览器）

1. HBuilder

HBuilder 是一款国产的前端开发工具，是 DCloud 推出的一款支持 HTML5 的 Web 开发 IDE（集成开发环境）。本教程使用 HBuilder 进行 Web 前端开发。该工具是免费的，可以在官方网站直接下载，不需要安装，直接找到下载文件 HBuilder.exe 文件，双击该文件即可运行。HBuilder 图标如图 1-2 所示。

图 1-2　HBuilder 图标

2. Chrome

Chrome 是谷歌公司开发的一款设计简单、高效的 Web 浏览器，又称谷歌浏览器。本教程使用的浏览器为谷歌浏览器，该浏览器的图标如图 1-3 所示。

图 1-3　谷歌浏览器图标

【本章小结】

本章主要介绍了 Web 前端开发的基础知识，包括 Web 前端、Web 后端、Web 网站开发流程，Web 前端开发工具 HBuilder 的安装，以及谷歌浏览器的安装。

【习题】

1. 什么是 Web、Web 前端、Web 后端？
2. 写出 Web 网站开发流程。
3. 练习下载和安装 HBuilder。
4. 练习下载和安装 Chrome。

第 2 章　创建标准 HTML 文档

HTML 又叫超文本标签语言，通过标签定义网页中显示的内容，包括文字、图片、超链接、视频等。本章学习内容是 HTML 的基本结构和语法。

【学习目标】

（1）掌握 HTML 的标准文档结构；
（2）熟悉双标签、单标签的格式；
（3）掌握标签属性的书写格式；
（4）掌握 HTML 中注释的使用；
（5）掌握元素的定义及元素的嵌套。

2.1　初识 HTML

HTML (Hyper Text Markup Language)，是一种标识性的语言。用该语言编写的文件，以.html 为后缀名。HTML 语言的特点如表 2-1 所示。

课件：创建标准 HTML 文档　　　　微课：创建标准 HTML 文档

表 2-1　HTML 的特点

HTML 语言的特点	含义
标签语言	HTML 不是一种编程语言
超文本	指页面内可以包含图片、链接、音乐等非文字元素

HTML 目前的最新版本是 HTML5，在 HTML4.01 的基础上进行了一定的改进，新增加了一些标签，又废弃了一些标签，目前 Web 前端开发者都用这个版本。

2.2 创建一个标准 HTML 文档

步骤 1：创建一个空文件夹，例如在 D 盘新建一个 web 空文件夹。运行 Hbuilder 编辑软件，单击“文件”→“新建”→“Web 项目”，如图 2-1 所示。

步骤 2：在弹出的“创建 Web 项目”窗口，单击“浏览”，选择前面创建的 D:\web 文件夹，在项目名称中输入“第一个项目”，点击“完成”，如图 2-2 所示。

步骤 3：鼠标右击该项目，弹出快捷菜单，单击“新建”→“HTML 文件”，如图 2-3 所示。

图 2-1　创建一个标准 HTML 文档

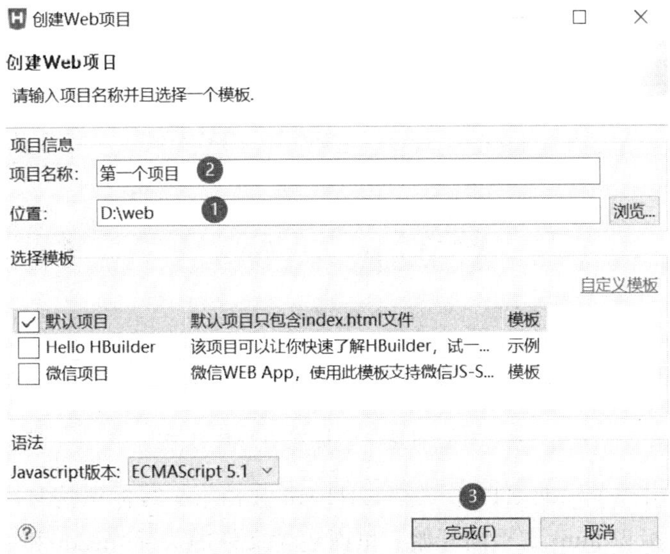

图 2-2　创建一个标准 HTML 文档

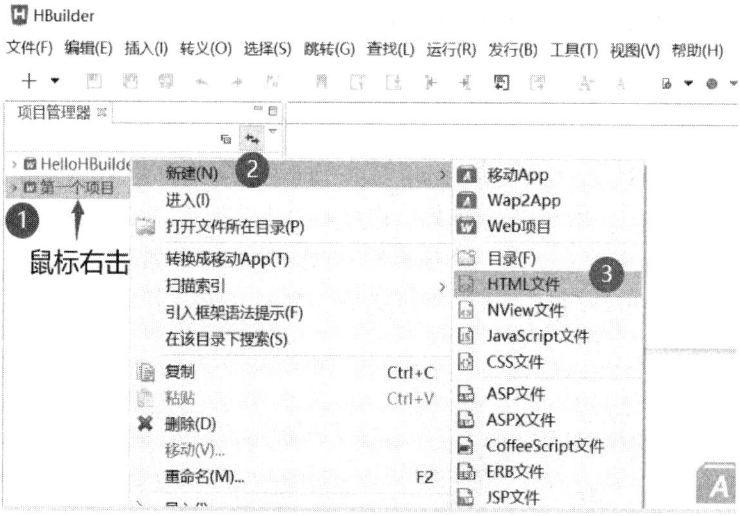

图 2-3　创建一个标准 HTML 文档

步骤 4：在弹出的“创建文件向导”窗口中，输入文件名“index.html”，选择模板为“html5”,单击“完成”，如图 2-4 所示。

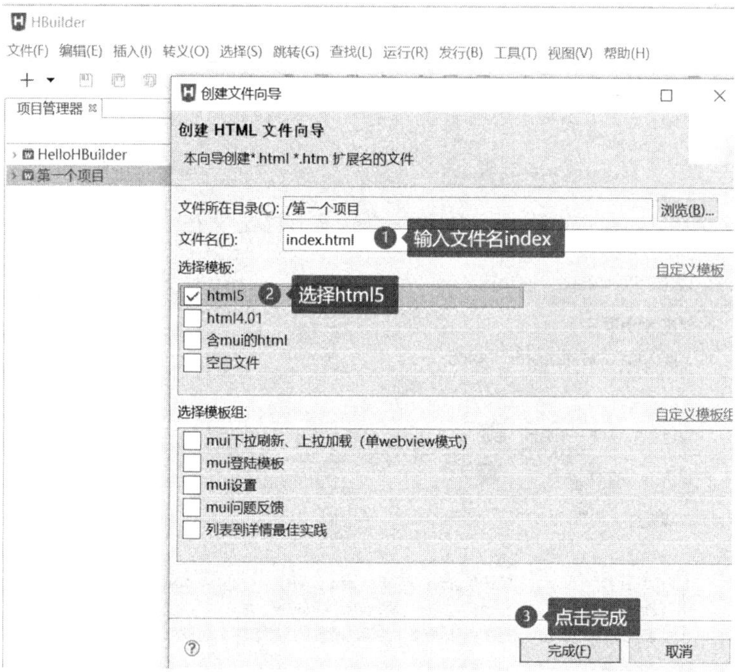

图 2-4　创建一个标准 HTML 文档

步骤 5：弹出一个标准 HTML 文档，HTML 文档第 1 行标识是 HTML5 规范文档，接着是<html>，标识 html 文档的开始，里面包含文件的头部<head>和主体<body>两部分，最后是</html>，标识 html 文档的结束。代码如图 2-5 所示。

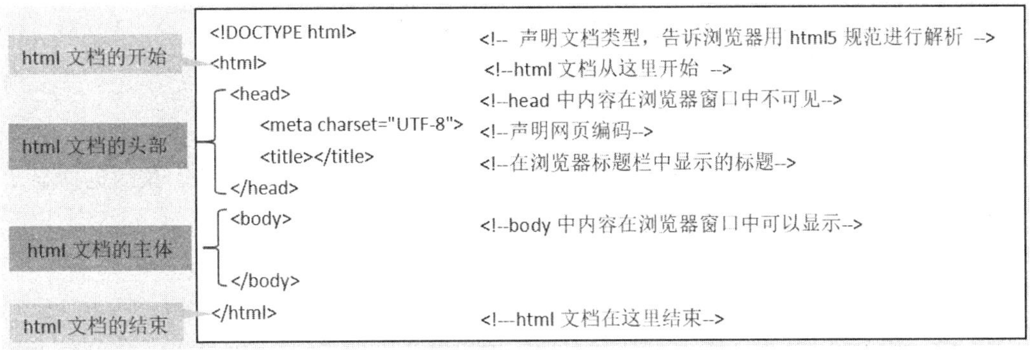

图 2-5　标准 HTML 文档编码

2.3　HTML 标签语法

标签也叫标记，用一对尖括号括起来，里面是特殊含义的英文单词。

标签示例及其含义如表 2-2 所示。

表 2-2　标签示例

标签示例	含义
<html> 标签	HTML 文档
<head>标签	HTML 文档头部
< body>标签	HTML 文档主体

（1）双标签（封闭类型标签）：成对出现的标签，即有开始标签和结束标签，内容写在两个标签之间。

双标签格式如下：

<开始标签> 内容 <结束标签/>

（2）单标签（非封闭类型标签也叫空标签）：不成对出现的，就是由一个标签组成的，没有内容。

单标签格式如下：

<标签/>

双标签和单标签示例如表 2-3 所示。

表 2-3　双标签和单标签示例

双标签		单标签	
示例	含义	示例	含义
<html>内容</html>	HTML 文档	 	换行
<head>内容</head>	HTML 头部	<img />	图片
< body>内容</body>	HTML 主体	<hr />	水平线

2.4 HTML 注释、代码书写规范

HTML 注释定义：

（1）对代码进行说明，方便读懂代码，注释只在编辑状态下可见，在浏览器显示页面时并不会显示。为代码添加注释是一种良好的编码习惯。

HTML 注释格式如下：

```
<!-- 注释内容 -->
```

（2）HTML 注释的快捷键：在 Hbuilder 编辑器中，使用 ctrl+/快捷键，可以对光标所在行或者所选代码加注释。

（3）HTML5 代码规范：HTML5 有非常宽松的代码规范，包括属性可以大写也可以小写，还以大小写混合，可以不用关闭标签。

（4）HTML5 书写要求：虽然 HTML5 有非常宽松的代码规范，但为了规范编辑、阅读、检查代码，Web 前端开发者约定以下书写要求：

① 所有代码全部使用小写；

② 所有标签都要正常关闭；

③ 所有代码必须在英文半角状态输入（重要）。

2.5 HTML 标签属性

1. 标签属性

标签属性：就是为标签设置参数用的。

标签属性的基本格式如表 2-4 所示。

表 2-4 标签属性的基本格式

标签分类	标签属性格式
双标签	<标签 属性名称="属性值">内容</标签>
单标签	<标签 属性名称="属性值"/>

【示例】双标签和单标签属性代码如下：

```
<div class="box"> 内容 </div>          <!--双标签 div 的 class 属性设置-->
<meta charset="UTF-8">                 <!--单标签 meta 的 charset 属性设置-->
```

2. 标签属性分类

标签属性分类如表 2-5 所示。

表 2-5　标签属性分类

标签属性分类	含义	属性举例
标准属性	大部分标签都有的属性	class、id、style 等
特殊属性	不同标签有自己独特属性	img 标签中 src 属性

3. 标准属性

标准属性适用于大多数标签，在 HTML 中规定了 8 个标准属性，如表 2-6 所示。

表 2-6　HTML 标准属性

序号	属性名	含义
1	class	定义元素的类名
2	id	定义元素的唯一 id 名
3	style	指定元素的行内样式
4	title	指定元素的提示文本，当鼠标移动到元素上时显示定义的提示文本
5	accesskey	指定激活某个元素的快捷键
6	tabindex	指定元素在 Tab 键下的次序
7	dir	指定元素中内容的方向。dir 的属性值只有 ltr 和 rtl 两种，含义分别是 left to right 和 right to left
8	lang	指定元素内容的语言

【示例 2-1】标准属性代码如下：

```
<div class="box"> 内容 </div>          <!--div 标签设置 class 属性-->
<img class="img" src="tp1.jpg"/>       <!--img 标签设置 class 属性-->
<p class="one">第一段</p>               <!--p 标签设置 class 属性 -->
```

【示例 2-2】<img>标签特殊属性代码如下：

```
<img class="img" src="tp1.jpg"/>   <!--src 就是 img 标签特有的属性-->
```

重要提示：

（1）属性值要用双引号或者单引号括起来，必须成对出现。

（2）标签名和属性名称之间有空格。

（3）所有符号在英文半角状态输入。

2.6　HTML 的元素

1. 元　素

元素即开始标签和结束标签包围的部分。元素里面可以包含文本内容或者其他元素。元素示例如图 2-6 所示，该示例中<body>元素内容有<p>元素和“贵州”这两个汉字。

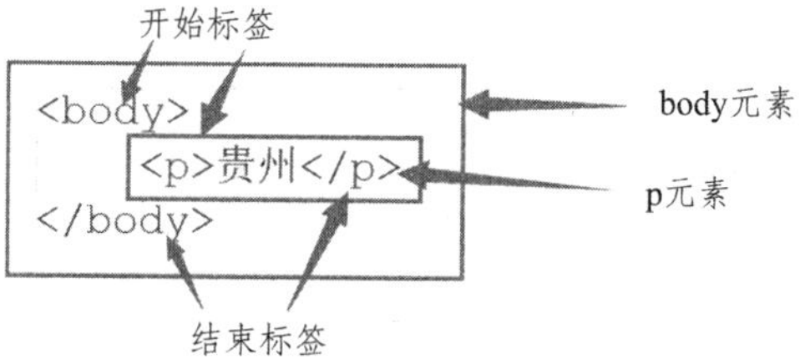

图 2-6　元素示例

2. 元素嵌套

元素之间可以相互嵌套，嵌套者为父级元素，被嵌套者为子元素。在嵌套元素时需要注意嵌套顺序。

【示例 2-3】元素嵌套代码如下：

```
<body>                <!--body 是父级元素-->
    <a>链接</a>        <!--a 元素是 body 的子元素-->
    <h1>标题</h1>      <!--h1 元素是 body 的子元素，a 和 h1 元素是兄弟元素-->
</body>
```

2.7　HTML 文档结构

1. 文档类型声明

HTML 文档类型声明格式如下：

```
<!DOCTYPE html>
```

它是 HTML5 标准网页声明，该标签在英文单词前面有个感叹号，这是固定写法，比较特殊。该声明必须位于 HTML 文档中最前面的位置。

2. html 标签

基本格式如下：

```
< html>
 <head>
        <meta charset="UTF-8"/>
            <title>   </title>
 </head>
<body>
</body>
 </html>
```

HTML 文档标签包含两个子标签，分别为 head 和 body 标签。

3. head 标签

基本格式：

```
<head>
    <title>标题</title>
    <meta charset="utf-8"/>
</head>
```

<head>标签又叫头标签，标识 HTML 页面的头部内容，用于为页面定义全局信息。head 元素中的内容在浏览器窗口中不可见，该元素可包含 title、meta、script、style、link 等元素。下面介绍该元素中包含的 title 和 meta 元素。

（1）title 元素（又叫标题元素）。

基本格式：

```
<title>标题</title>
```

该元素要放在 head 元素里面，用于为文档定义标题。标题元素的内容出现在浏览器顶部，一个文档只能有一个标题元素。

（2）meta 元素。

基本格式：

```
<meta charset="UTF-8"/>
```

meta 是 html 中的一个辅助性标签，charset 是编码属性，UTF-8 是中文编码方式，如果用其他类型的编码，网页中显示的中文可能会出现乱码。

4. <body>标签

基本格式：

```
< body>   </body>
```

<body>标签是 HTML 主体内容标签，该标签里面存放页面的主体内容，即网页要显示给用户的内容。

【本章小结】

本章围绕创建一个标准 HTML 文档，介绍了 HTML 的标准文档结构，包括<html></html>、<head></head>、<body></body>，还介绍了双标签和单标签的格式、标签的属性设置、注释的使用方法、元素的嵌套。

【习题】

1. 写出标准的 HTML 文档结构。
2. 举例说明目前学过的标签中，哪些是双标签？哪些是单标签？
3. 在标准的 HTML 文档结构中，哪个是父级元素？哪几个是兄弟元素？

第 3 章　HTML+CSS 创建图文并茂的名片

网页中使用 HTML 标签创建网页的框架结构，使用 CSS 样式对网页进行美化。本章主要介绍 HTML 常用的文本标签和图片标签的使用，并对 CSS 的基本语法、使用方式、选择器以及常用的背景、尺寸、字体、文本、溢出属性进行介绍。

【学习目标】

（1）掌握 HTML 中段落、换行、标题、div、图片标签的使用；
（2）掌握网页中块级元素、行级元素、行内块级元素的区别；
（3）掌握 CSS 常用选择器的使用；
（4）掌握 CSS 背景属性、尺寸属性、字体属性、文本属性、溢出属性的使用方法。

3.1　HTML 的文本

3.1.1　在 HTML 中添加文本的方法

在 HTML 网页中添加文本有两种方法，如表 3-1 所示。

课件：HTML+CSS 创建图文并茂的名片　　　　微课：HTML 的文本

表 3-1　在 HTML 网页中添加文本的方法

方法	示例
直接写在<body>标签中	<body>文本 </body>
写在其他标签中	<p>文本</p> <div>文本</div> <span>文本</span> <h1>文本</h1>

【示例 3-1】在网页中添加文本，HTML 代码如下：

```
<!DOCTYPE html>
<html>
    <head>
        <meta charset="utf-8" />
        <title></title>
    </head>
    <body>
        <h1>贵州省</h1>          <!--文本写在 h1 标签中-->
        贵  阳                   <!--文本写在 body 标签中-->
    </body>
</html>
```

运行效果如图 3-1 所示。

特殊字符：具有特殊意义的字符或者无法用键盘直接输入的字符，必须要用符号码输入。常用特殊字符及符号码如表 3-2 所示。

注意：在 HTML 文档中用键盘输入多个空格和多个回车，在网页中都只会显示一个空格。

图 3-1　在浏览器中的运行效果

表 3-2　常用特殊字符及符号码

特殊符号	符号码	特殊符号	符号码
"	"	空格	
&	&	¥	&Yen;
<	<	«	«
>	>	»	»
©	©	®	®

3.1.2　HTML 的段落

1. 段　落

在 HTML 中使用段落标签的文本会以单独的段落显示。

段落标签的基本格式:

```
<p>内容</p>
```

【示例 3-2】段落标签的使用。

```
<!DOCTYPE html>
<html>
    <head>
        <meta charset="utf-8" />
        <title></title>
    </head>
    <body>
        开始<p>第一段</p>
        <p>第二段</p>结束
    </body>
</html>
```

运行效果如图 3-2 所示。

图 3-2　在浏览器中的运行效果

2. HTML 的换行标签

换行标签是单标签，不需要内容，也不需要结束标签，它后面的内容将从下一行开始显示。

换行标签的格式：

```
<br / >
```

【示例 3-3】段落和换行标签的使用。

```
<!DOCTYPE html>
<html>
    <head>
        <meta charset="utf-8" />
        <title></title>
    </head>
<body>
```

```
        <p>我很平凡，却不简单，只要我想要，就会通过自己的努力去得到。<br />羡慕别人不如自己拥有，现在的努力奋斗成就未来的自己。</p>
    </body>
</html>
```

运行效果如图 3-3 所示。

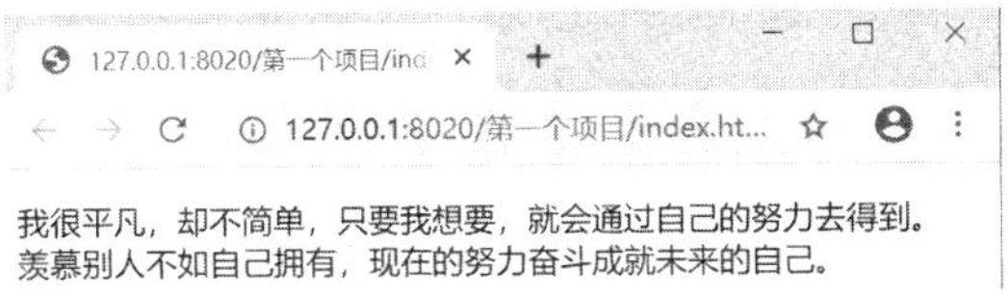

图 3-3　在浏览器中的运行效果

3.1.3　HTML 的标题

标题标签往往用于文章的标题，在 HTML 中标题标签里面的文字会以醒目的方式显示，有 6 对标题标签，从<h1>到<h6>，即标题 1 到标题 6，字号逐渐变小。

标题 1 到标题 6 标签的基本格式：

```
<h1> 内容 </h1>
<h2> 内容 </h2>
<h3> 内容 </h3>
<h4> 内容 </h4>
<h5> 内容 </h5>
<h6> 内容 </h6>
```

【示例 3-4】标题标签的使用。

HTML 代码如下：

```
<!DOCTYPE html>
<html>
    <head>
        <meta charset="utf-8" />
        <title></title>
    </head>
    <body>
        <h1>世界</h1>
        <h2>亚洲</h2>
        <h3>中国</h3>
        <h4>贵州</h4>
        <h5>贵阳</h5>
        <h6>观山湖区</h6>
```

```
	</body>
</html>
```

运行效果如图 3-4 所示。

图 3-4　在浏览器中的运行效果

3.1.4　HTML 文本格式化标签

1. 简单修饰标签

常用的简单文本修饰标签的基本格式如表 3-3 所示。

表 3-3　常用的 5 个简单文本修饰标签的基本格式

简单文本修饰标签的格式	含义
<b>…</b>	加粗
<i>…</i>	倾斜
<u>…</u>	下划线
[…]	上标
_…	下标

【示例 3-5】简单文本修饰标签的使用。

HTML 代码如下：

```
<!DOCTYPE html>
<html>
	<head>
		<meta charset="utf-8" />
		<title></title>
```

```
    </head>
    <body>
        <b>粗体</b>文本
        <i>斜体</i>文本
        <u>下划线</u>文本
        <sub>下标</sub>文本
        <sup>上标</sup>文本
    </body>
</html>
```

运行效果如图 3-5 所示。

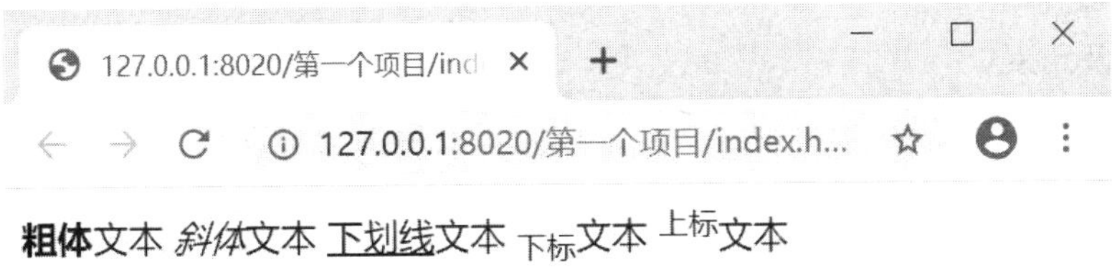

图 3-5　在浏览器中的运行效果

2. 分隔线标签

分隔线标签是单标签，用于在页面上创建一条水平线。

格式：

```
<hr/>
```

【示例 3-6】分隔线标签的使用。

HTML 代码如下：

```
<!DOCTYPE html>
<html>
    <head>
        <meta charset="utf-8" />
        <title></title>
    </head>
    <body>
        上部分
        <hr />
        下部分
    </body>
</html>
```

运行效果如图 3-6 所示。

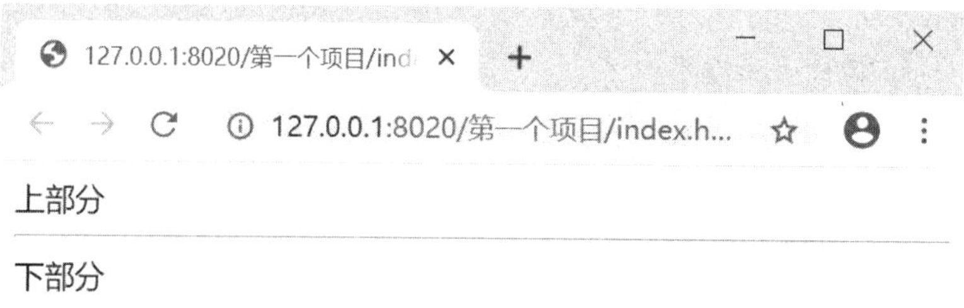

图 3-6　在浏览器中的运行效果

3.1.5　HTML 的元素分类

1. 块级元素

默认情况下，块级元素会独占一行，该元素前后都会自动换行。

常见的块级元素有<p>、<div>、<h1>、<h2>、<h3>、<h4>、<h5>、<h6>等。

以上常见块级元素的格式：

```
<p>   </p>
<div>   </div>
<h1>   </h1>
<h2>   </h2>
<h3>   </h3>
<h4>   </h4>
<h5>   </h5>
<h6>   </h6>
```

<div>就是最常见的块级元素。大部分<html>标签是有含义的，但<div>标签是没有含义的，即无语义的。<div>元素是存放内容的容器，存放的内容包括文本、图片、表格、表单、div 等。

<div>的基本格式：

```
<div>文本</div>
```

<div>的复杂格式：

```
<div> <标签></标签> </div>
```

使用<div>元素可以把文档分割为独立的、不同的部分。

【示例 3-7】div 标签的使用。

```
<!DOCTYPE html>
<html>
    <head>
        <meta charset="utf-8" />
```

```
        <title></title>
    </head>
    <body>
      <div>div 文本 1</div>
      <div>div 文本 2</div>
      <div>div 文本 3</div>
    </body>
</html>
```

运行效果如图 3-7 所示。

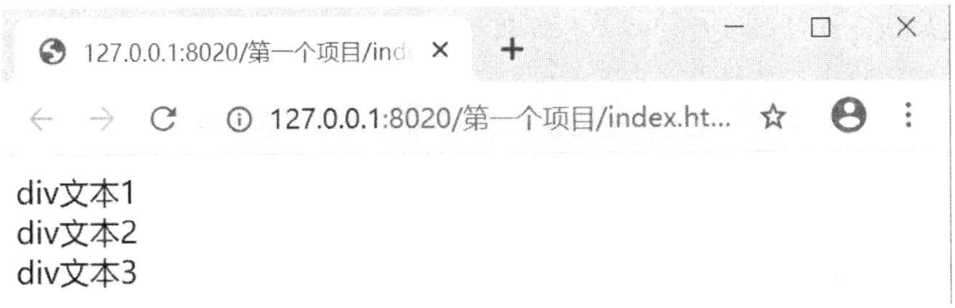

图 3-7　在浏览器中的运行效果

2. 行级元素

行级元素不会单独占一行，可以和其他行内元素位于同一行，宽高由内容撑开。常见行级元素有<span>、<b>、<i>、<u>等。

<span>就是最常见的行级元素。但<span>标签是没有含义的，即无语义的。<span>元素是存放文本的容器，如果句子或者段落的某个部分要分组，则可以使用<span>元素。

<span>的格式：

```
<span>文本</span>
```

【示例 3-8】<span>元素的使用。

```
<!DOCTYPE html>
<html>
    <head>
        <meta charset="utf-8" />
        <title></title>
    </head>
    <body>
      <span>span 文本 1</span>
      <span>span 文本 2</span>
      <span>span 文本 3</span>
    </body>
```

```
</html>
```

运行效果如图 3-8 所示。

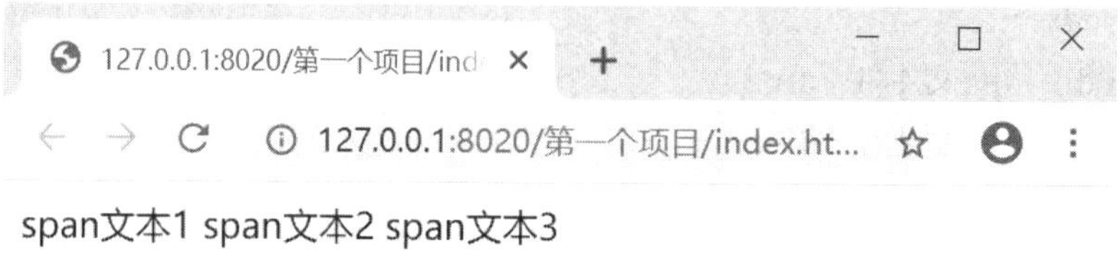

图 3-8　在浏览器中的运行效果

3. 行内块级元素

行内块级元素可以设置宽高，可以和其他元素在一行。如果没有设置宽高时，宽高由元素内容决定。如果设置有宽高时，元素的宽高就是设置的值。常见的行内块级元素有<img>图片元素、<input>表单控件元素等。

【示例 3-9】<img>标签的使用。

```
<!DOCTYPE html>
<html>
    <head>
        <meta charset="utf-8" />
        <title></title>
    </head>
    <body>
            甲秀楼 <img src="jxl.jpg" alt="" />
    </body>
</html>
```

运行效果如图 3-9 所示。

图 3-9　在浏览器中的运行效果

3.2 HTML 的图片元素

3.2.1 <img>元素

微课：HTML 的图片元素

<img> 标签即图片标签，可以把图片添加到网页中。它是单标签，必须有 src 属性。<img>标签的格式如下：

```
<img  src="  " />
```

【示例 3-10】在 body 中添加 timg.jpg 图片标签的代码如下：

```
<body>
    <img src="timg.jpg" />
</body>
```

运行效果如图 3-10 所示。

图 3-10　在浏览器中的运行效果

3.2.2 文件路径

文件路径包括绝对路径和相对路径。绝对路径就是从一个盘的盘符开始的完整的路径。相对路径即文件的位置相对于当前文件的位置。

（1）例如：index.html 和 img1.jpg 在同一目录下，文件位置如图 3-11 所示。

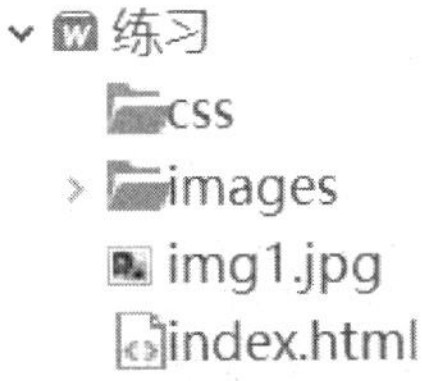

图 3-11　文件位置

在 index.html 文件中显示 img1 图片的写法如下：

```
<img src="img1.jpg"/>
```

（2）例如：img1.jpg 图片在 images 文件夹中，而 index.html 文件与 images 文件夹在同一文件目录下，文件位置如图 3-12 所示。

图 3-12　文件位置

在 index.html 文件中显示 img1 图片的写法如下：

```
<img src="images/img1.jpg"/>
```

（3）例如：img1.jpg 图片在 images 文件夹中，index.html 文件在 xs 文件夹中，而 images 文件夹和 xs 文件夹在同一目录下，文件位置如图 3-13 所示。

图 3-13　文件位置

在 index.html 文件中显示 img1.jpg 图片标签的写法如下：

```
<img src="../images/img1.jpg"/>
```

（4）例如：img1.jpg 图片在 images 文件夹下，index.html 文件在 xs 文件夹下，xs 文件夹的上一级是 test 文件夹。images 文件夹和 test 文件夹是同级目录，文件位置如图 3-14 所示。

图 3-14　文件位置

在 index.html 文件中显示 img1.jpg 图片标签的写法如下：

```
<img src="../../images/img1.jpg"/>
```

3.3 CSS 样式基础

1. CSS 样式

CSS 样式又叫层叠样式表，其功能是给网页添加样式。目前 CSS 的最新版本是 CSS3。

微课：CSS 样式基础

使用 CSS 样式的优势：实现了网页的结构和样式分离，HTML 文件负责网页结构，CSS 负责网页样式，便于维护和管理。而且多个 HTML 页面可以使用同一个 CSS 样式表，减少重复代码的输入。

CSS 样式格式包括以下两部分，如表 3-4 所示。

表 3-4　CSS 样式格式

第 1 部分	第 2 部分
选择器	{样式属性名：属性值;…样式属性名：属性值;}

选择器是指要设置样式的元素。

注意区分 HTML 标签的属性，HTML 标签的属性格式如表 3-5 所示。

表 3-5　HTML 标签的属性格式

HTML 标签属性格式	<标签 属性名称=“属性值”>内容</标签>

2. CSS 注释

CSS 注释是指为样式添加注释。CSS 注释和 HTML 注释写法不一样，应注意区分，如表 3-6 所示。

表 3-6　CSS 和 HTML 注释区分

CSS 注释格式	/*注释内容*/
HTML 注释格式	<!--注释内容-->

3. CSS 分类

根据 CSS 代码出现的位置来分类，可以分为行内样式、内部样式和外部样式。

（1）行内样式：样式定义在单个的 HTML 元素中。可以设置多个样式，使用“;”隔开。

行内样式的格式：

```
<标签 style="样式属性名:属性值"></标签>
```

【示例 3-11】给 h1 元素设置行内样式：背景色为红色，字颜色为黄色。HTML 和 CSS 代码如下：

```
<!DOCTYPE html>
<html>
```

```
    <head>
        <meta charset="utf-8" />
        <title></title>
    </head>
    <body>
        <body>
            <h1 style="background : red ; color :yellow ;">
                    贵州黄果树景区
            </h1>
        </body>
    </body>
</html>
```

运行效果如图 3-15 所示。

图 3-15　在浏览器中的运行效果

（2）内部样式：样式定义在 HTML 页面的 head 元素中。

内部样式的格式：

```
<head>
<style type="text/css">
            选择器{
    样式属性名：属性值;
            }
        </style>
</head>
```

【示例 3-12】给 h1 元素设置内部样式：背景色为红色，字颜色为黄色。

HTML 和 CSS 代码如下：

```
<!DOCTYPE html>
<html>
    <head>
        <meta charset="utf-8" />
```

```
        <title></title>
        <style type="text/css">
            h1{
            background : red ;
            color : yellow ;
            }
        </style>
        </head>
        <body>
            <h1 >
                贵州黄果树景区
            </h1>
        </body>
</html>
```

运行效果如图 3-16 所示。

图 3-16　在浏览器中的运行效果

（3）外部样式。

设置外部样式包括两个步骤：

第一步，新建一个 CSS 文件，在 CSS 文件中编写样式；

第二步，在 HTML 文件的<head>标签中引入这个 CSS 文件。

【示例 3-13】给 h1 元素设置外部样式：背景色为红色，字颜色为黄色。

① style.css 文件中的样式代码如下：

```
h1{
background : red ;
color : yellow ;
    }
```

② 在 index.html 文件中引用 style.css 样式，代码如下：

```
<!DOCTYPE html>
<html>
```

```
    <head>
        <meta charset="UTF-8"/>
        <title></title>
        <link rel="stylesheet" type="text/css" href="style.css"/>
    </head>
    <body>
    <h1 style ="background : red ; color : yellow ;">
    贵州黄果树景区
</h1>
    </body>
</html>
```

运行效果如图 3-17 所示。

图 3-17 在浏览器中的运行效果

4. CSS 的两个特性

（1）“层叠”特性：一个 HTML 文档可以使用多个 CSS 样式。不冲突时，多个样式表中的样式可层叠，如果冲突，则按样式的优先顺序来决定使用哪个样式。CSS 样式优先顺序从低到高排列如下：

浏览器缺省设置→外部样式表→内部样式表→行内样式

（2）“继承”特性：某些特定的 CSS 属性可以从父元素向下传递给子元素，并不是所有的父元素的 CSS 属性都可以向下传递给子元素。可以继承的和不能继承的属性如表 3-7 所示。

表 3-7 可以继承的和不能继承的属性

能继承的属性	不能继承的属性
color	盒子相关的属性
text-开头的	定位相关的属性
font-开头的	布局相关的属性
word-space	
表格属性	

以上内容在后面的章节将会详细介绍。

3.4 CSS 选择器

3.4.1 简单选择器

微课：CSS 选择器

1. 标签选择器

通过标签选择元素，所有的标签都可以是选择器。

格式如下：

```
标签名{样式属性名: 属性值;}
```

【示例 3-14】标签选择器的使用。

HTML 和 CSS 代码如下：

```
<!DOCTYPE html>
<html>
    <head>
        <meta charset="utf-8" />
        <title></title>
    <style type="text/css">
    /*标签选择器*/
        p {
            color: red;
        }
    </style>
</head>
    <body>
        <p>贵州龙宫风景区</p>
        <p>贵州黄果树风景区</p>
    </body>
</html>
```

浏览器运行结果如图 3-18 所示。

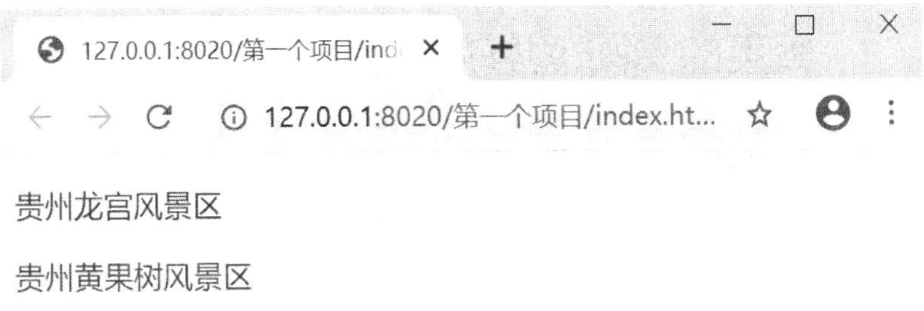

图 3-18　在浏览器中的运行结果

2. id 选择器

使用 id 选择器时，要在 id 值前加上“#”，id 选择器只能选中一个元素，同一个页面要保证 id 的唯一性。

格式为：

#id 名{样式属性名: 属性值;}

【示例 3-15】id 选择器的使用。

HTML 和 CSS 代码如下

```
<!DOCTYPE html>
<html>
	<head>
		<meta charset="utf-8" />
		<title></title>
	<style type="text/css">
		/*id 选择器*/
		#one {
			color: red;
			background: yellow;
		}
	</style>
</head>
	<body>
		<h1 id="one">爽爽的贵阳,避暑的天堂！ </h1>
		<h1>爽爽的贵阳,避暑的天堂!</h1>
	</body>
</html>
```

运行效果如图 3-19 所示。

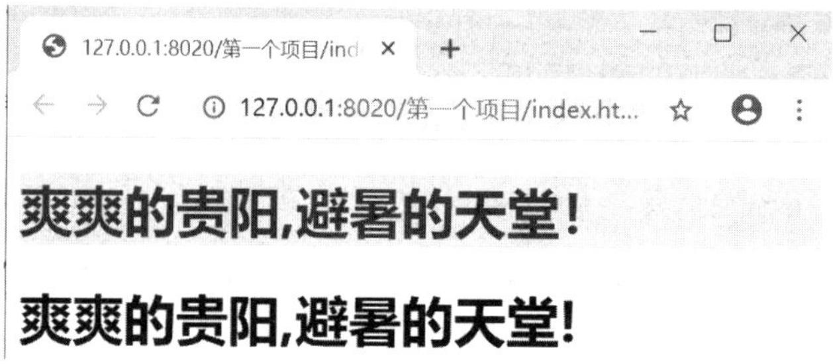

图 3-19　在浏览器中的运行结果

3. 类选择器

使用 class（类）选择器时，要在 class 名前加上“.”，class 选择器可以被多个元素共同使用，不同元素可以有相同的 class 值。同一个元素可以有多个类名，但要使用空格隔开。尽量使用类选择器，而不是 id 选择器。

格式为：

```
.类名 {样式属性名: 属性值;}
```

【示例 3-16】类选择器的使用。

HTML 和 CSS 代码如下：

```
<!DOCTYPE html>
<html>
    <head>
        <meta charset="utf-8" />
        <title></title>
        <style type="text/css">
        /*类选择器*/
        .ys {
            background-color: red;
            font-size: 25pt;
        }
        .two {
            font-size: 20px;
        }
        </style>
</head>
    <body>
        <div class="ys">h1 文本</div>
        <p class="ys  two">段落文本</p>
    </body>
</html>
```

运行效果如图 3-20 所示。

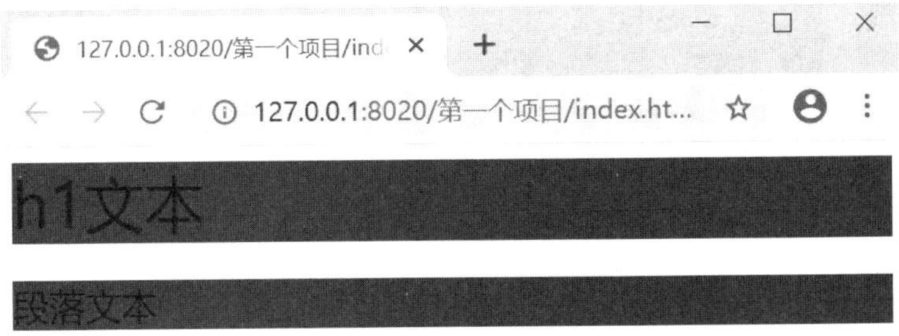

图 3-20　在浏览器中的运行结果

4. 通用选择器

通用选择器为一个星号（*），可以选中页面中的所有元素。常用于设置一些默认样式，如设置整个文档的文本的默认字体和大小。

示例：页面中所有文字大小为 18px，字体为宋体。

```
* {
    font-size : 18px;
    font-family : "宋体";
}
```

5. 并集选择器

同时选中多个元素，选择时要用“,”隔开。标签选择器、id 选择器、class 选择器都可以使用。

格式如下：

```
选择器 1，选择器 2，…，选择器 n {样式属性名：属性值;}
```

【示例 3-17】并集选择器的使用。

HTML 和 CSS 代码如下：

```
<!DOCTYPE html>
<html>
    <head>
        <meta charset="utf-8" />
        <title></title>
    <style type="text/css">
        /*并集选择器*/
        h2,p {
            color: blue;
            font-size: 20px;
            border: 1px solid black;
        }
    </style>
</head>
    <body>
        <p>p 文本</p>
        <h2>h2 文本</h2>
    </body>
</html>
```

运行效果如图 3-21 所示。

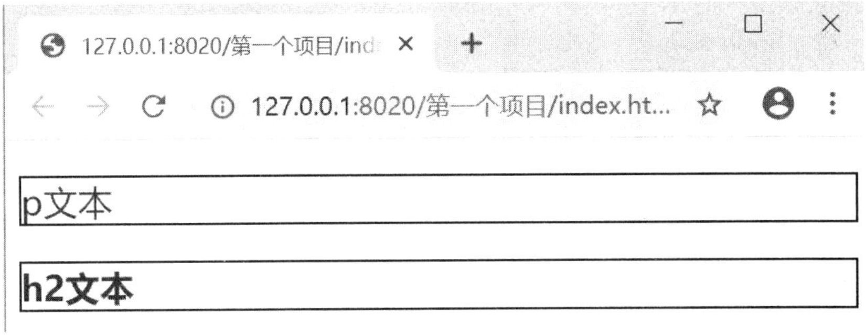

图 3-21　在浏览器中的运行结果

6. 交集选择器

选择的元素要同时满足多个条件，选择器之间没有空格。

格式如下：

选择器 1 选择器 2...选择器 *n* {样式属性名：属性值;}

【示例 3-18】交集选择器的使用。

HTML 和 CSS 代码如下：

```
<!DOCTYPE html>
<html>
    <head>
        <meta charset="utf-8" />
        <title></title>
    <style type="text/css">
    /*并集选择器*/
        p.one {
            color: red;
            font-size: 18px;
            border: 1px solid black;
        }
    </style>
    </head>
    <body>
        <p class="one">段落文本</p>
        <h2 class="one">h2 文本</h2>
    </body>
</html>
```

运行效果如图 3-22 所示。

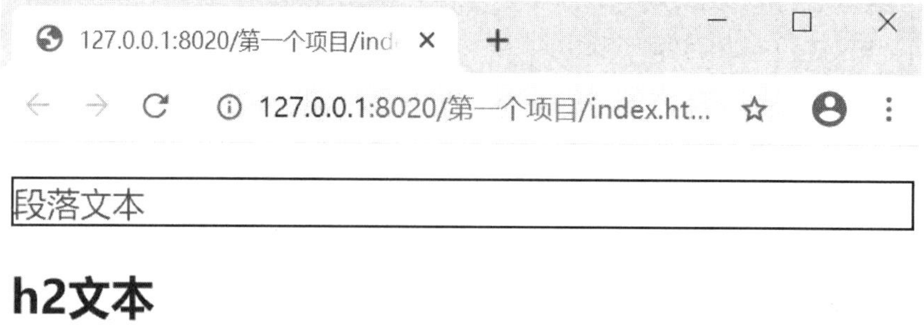

图 3-22　在浏览器中的运行效果

3.4.2　复杂选择器

1．后代选择器

后代选择器是一种祖先结构关系，并不一定是父子关系。祖先和后代之间要有一个空格隔开。标签选择器、id 选择器、class 选择器都可以使用。

格式如下：

```
祖先 后代{样式属性名: 属性值;}
```

【示例 3-19】后代选择器的使用。

HTML 和 CSS 代码如下：

```
<!DOCTYPE html>
<html>
    <head>
        <meta charset="utf-8" />
        <title></title>
    <style type="text/css">
        /*后代选择器*/
    h1  span {
    color:red;
    }
    </style>
</head>
    <body>
        <h1>一个 <span>美丽的</span> 地方</h1>
        <span>美丽的</span>
    </body>
</html>
```

运行效果如图 3-23 所示。

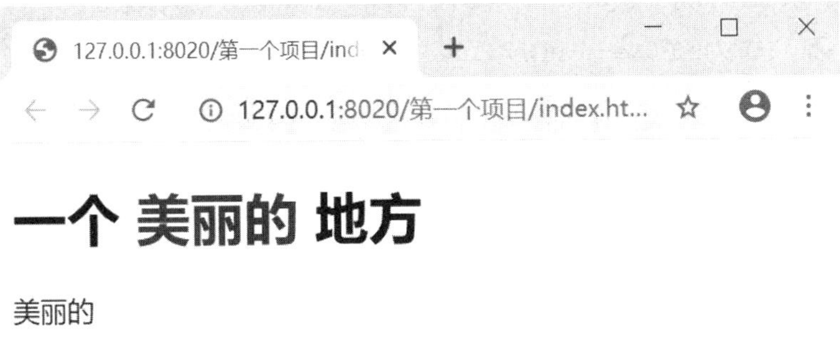

图 3-23　在浏览器中的运行效果

2. 子代选择器

子代选择器要求选择器之间只能存在父子关系，使用大于号（>）作为子结合符。格式如下：

父代>子代{样式属性名: 属性值;}

【示例 3-20】子代选择器的使用。

HTML 和 CSS 代码如下：

```
   <!DOCTYPE html>
<html>
     <head>
          <meta charset="utf-8" />
          <title></title>
     <style type="text/css">
     /*子代选择器*/
          div>span {
               color: red;
               font-size: 20pt;
          }
     </style>
</head>
     <body>
          <div>
               <span>div 子元素</span>
               <p> 段落中的文本<span>不是 div 子元素</span></p>
          </div>
     </body>
</html>
```

运行效果如图 3-24 所示。

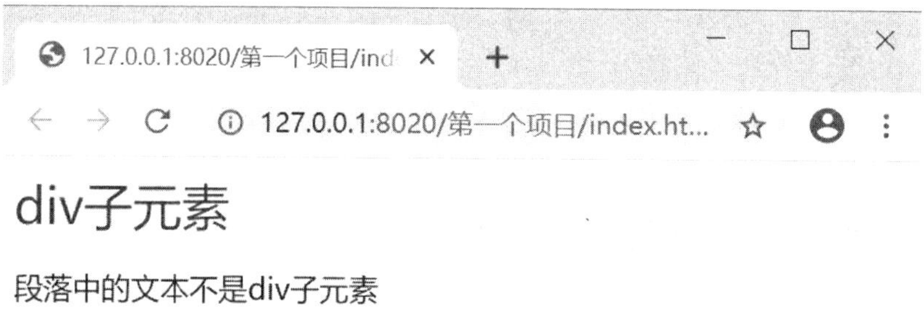

图 3-24 在浏览器中的运行效果

3. 伪类选择器

伪类是用于定义元素的特殊状态，使用冒号（:）作为结合符，结合符左边是元素名，右边是伪类。

基本格式如下：

元素名: 伪类{样式属性名: 属性值;}

常用伪类样式的格式及含义如表 3-8 所示。

表 3-8 常用伪类样式的格式及含义

伪类样式的格式	含义
元素名: link{样式属性名: 属性值;}	用于未访问的链接
元素名: visited{样式属性名: 属性值;}	用于已访问的链接
元素名:hover{样式属性名: 属性值;}	用于鼠标悬停在 HTML 元素时
元素名:active{样式属性名: 属性值;}	用于鼠标按下 HTML 元素时
元素名:focus{样式属性名: 属性值;}	用于 HTML 元素获取焦点时
元素名:first-child{样式属性名:属性值;}	匹配属于其父元素的第一个子元素
元素名:last-child{样式属性名:属性值;}	匹配属于其父元素的最后一个子元素
元素名: nth-child(number){样式属性名:属性值;}	匹配属于其父元素的第 number 个子元素

伪类选择器的案例将在后面章节中详细介绍。

4. 伪元素选择器

伪元素即“虚假”的元素，可以在内容元素的前后插入伪元素。

虽然在结构上是“虚假”的代码，但在样式上和“普通”元素没有什么区别，可以给伪元素添加 CSS 样式，如改变文字颜色、添加背景、调整字体大小等。

常用伪元素样式的格式及含义如表 3-9 所示。

表 3-9　常用伪元素样式的格式及含义

伪元素样式的格式	含义
元素名::after{样式属性名：属性值;}	在元素内容之后添加新内容。必须配合 content 使用
元素名::before{样式属性名：属性值;}	在元素内容之前添加新内容。必须配合 content 使用

伪元素选择器的案例将在后面章节中详细介绍。

3.5　CSS 背景属性

CSS 可以为任何元素添加纯色作为背景，也可以使用图像作为背景。CSS 背景属性如表 3-10 所示。

微课：CSS 背景属性

表 3-10　CSS 背景属性

背景属性	含义	属性值
background-color	背景颜色	16 进制数/rgb 函数/颜色英文单词
background-image	背景图片	url("")
background-repeat	背景重复	repeat/repeat-x/repeat-y/no-repeat

3.5.1　背景颜色

background-color 用于设置背景颜色（设置单一的颜色作为背景）。

格式：

```
选择器{background-color:颜色;}
```

【示例 3-21】背景颜色设置。

HTML 和 CSS 代码如下：

```
<!DOCTYPE html>
<html>
    <head>
        <meta charset="utf-8" />
        <title></title>
        <style type="text/css">
            div {
                width: 200px;
                height: 100px;
```

```
                    background-color: red;
                }
            </style>
        </head>
        <body>
            <div> </div>
        </body>
</html>
```

运行效果如图 3-25 所示。

图 3-25　在浏览器中的运行效果

3.5.2　背景图像

（1）背景图片 background-image：以图片作为背景。

格式：

```
选择器{background-image: url("");}
```

（2）背景重复 background-repeat。

格式：

```
选择器{background-repeat : repeat;}
```

默认情况下，背景图像在水平和垂直方向上重复出现（平铺）。使用 background-repeat 属性可以控制背景图像的平铺效果。background-repeat 的属性取值如表 3-11 所示。

表 3-11　background-repeat 的属性取值

background-repeat 的属性取值	含义
repeat	在垂直方向和水平方向重复（为默认值）
repeat-x	仅在水平方向重复
repeat-y	仅在垂直方向重复
no-repeat	不重复，仅显示一次

【示例 3-22】背景图片的设置。

HTML 和 CSS 代码如下：

```
 <!DOCTYPE html>
<html>
	<head>
		<meta charset="utf-8" />
		<title></title>
		<style type="text/css">
				background: yellowgreen;
				width:500px;
				height:200px;
				background-image: url("bg.jpg");
		</style>
	</head>
	<body>
		<div> </div>
	</body>
</html>
```

运行效果如图 3-26 所示。

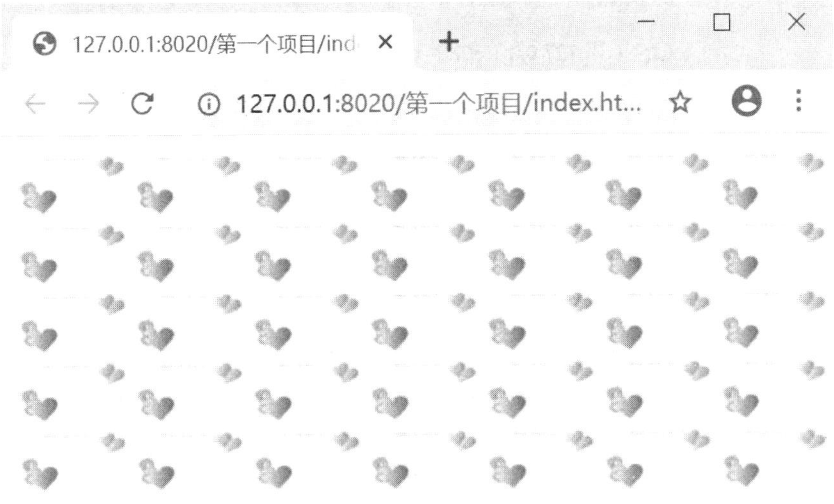

图 3-26　在浏览器中的运行效果

【示例 3-23】背景图片不重复的设置。

HTML 和 CSS 代码如下：

```
 <!DOCTYPE html>
<html>
```

```
    <head>
        <meta charset="utf-8" />
        <title></title>
        <style type="text/css">
            div{
                background: yellowgreen;
                width:500px;
                height:200px;
                background-image: url("bg.jpg");
                background-repeat: no-repeat;
            }
        </style>
    </head>
    <body>
        <div> </div>
    </body>
</html>
```

运行效果如图 3-27 所示。

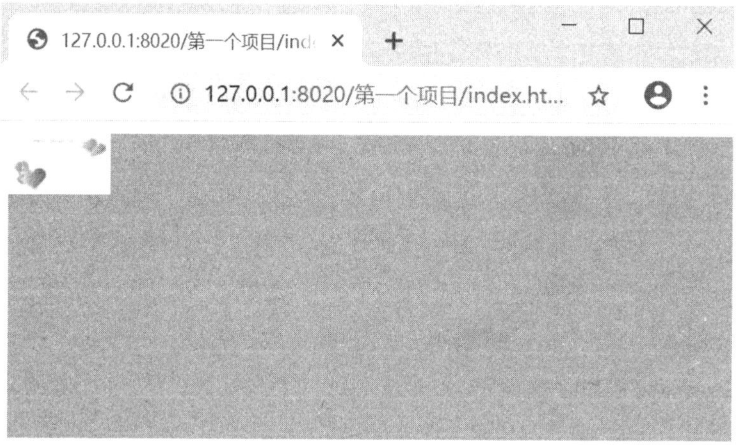

图 3-27 在浏览器中的运行效果

【示例 3-24】背景图片在水平方向上重复的设置。

HTML 和 CSS 代码如下：

```
<!DOCTYPE html>
<html>
    <head>
        <meta charset="utf-8" />
```

```
            <title></title>
           <style type="text/css">
                 div{
                      background: yellowgreen;
                      width:500px;
                      height:200px;
                      background-image: url("bg.jpg");
                        background-repeat:repeat-x;
                 }
            </style>
      </head>
      <body>
            <div> </div>
      </body>
</html>
```

运行效果如图 3-28 所示。

图 3-28 在浏览器中的运行效果

【示例 3-25】背景图片在垂直方向上重复的设置。

HTML 和 CSS 代码如下：

```
  <!DOCTYPE html>
<html>
      <head>
            <meta charset="utf-8" />
            <title></title>
```

```
        <style type="text/css">
            div{
                background: yellowgreen;
                width:500px;
                height:200px;
                background-image: url("bg.jpg");
                 background-repeat: repeat-y;
            }
        </style>
    </head>
    <body>
        <div> </div>
    </body>
</html>
```

运行效果如图 3-29 所示。

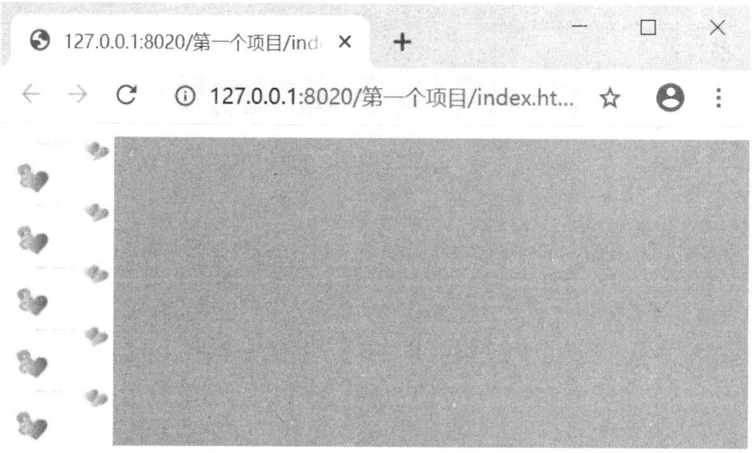

图 3-29　在浏览器中的运行效果

3.5.3　背景定位

background-position 属性改变图像在背景中的位置。

格式如下：

```
选择器{ background-position: 值;}
```

background-position 的属性取值如表 3-12 所示。

表 3-12　background-position 的属性取值

background-position 的属性取值	含义
x% y%	第一个值是水平位置，第二个值是垂直位置；表示沿着 x 轴（水平）和 y 轴（垂直）的百分比；左上角是 0% 0%，右下角是 100% 100%
x y	第一个值是水平位置，第二个值是垂直位置；表示沿着 x 轴（水平）和 y 轴（垂直）的绝对长度；左上角是 0 0
left	在页面或者包含元素的左边显示
center	在页面或者包含元素的中间显示
right	在页面或者包含元素的右边显示
top	在页面或者包含元素的顶部显示
bottom	在页面或者包含元素的底部显示

【示例 3-26】背景图片定位的设置。

HTML 和 CSS 代码如下：

```
<!DOCTYPE html>
<html>
    <head>
        <meta charset="utf-8" />
        <title></title>
        <style type="text/css">
            p {
                background-image: url("bj.jpg");
                background-position: center;
                background-repeat: no-repeat;
                height: 150px;
                border: 1px solid gray;
            }
        </style>
    </head>
    <body>
        <p>这是一个具有背景图像的段落。</p>
    </body>
</html>
```

运行效果如图 3-30 所示。

图 3-30　在浏览器中的运行效果

3.5.4　背景图像的固定

默认情况下，背景图像会随着页面的滚动而移动，可以通过 background-attachment 的属性来设置。默认值是 scroll：默认情况下，背景会随文档滚动。当取值为 fixed：背景图像固定，并不会随着页面的其余部分滚动，常用于实现水印的图像。

格式：

```
选择器{background-attachment: 值;}
```

【示例 3-27】设置背景图像固定。

HTML 部分代码如下：

```
<!DOCTYPE html>
<html>
    <head>
        <meta charset="utf-8" />
        <title></title>
        <style type="text/css">
            body {
                background-image: url("bj2.jpg");
                background-repeat: no-repeat;
                background-attachment: fixed;
            }
        </style>
    </head>
    <body>
        <div>风景如画 </div>
        <div>风景如画 </div>
        <div>风景如画 </div>
        <div>风景如画 </div>
```

```
            <div>风景如画 </div>
            <div>风景如画 </div>
            <div>风景如画 </div>
            <div>风景如画 </div>
        </body>
    </html>
```

运行效果如图 3-31 所示。

图 3-31　在浏览器中的运行效果

3.5.5　背景简写

可以在 background 属性中设置所有背景属性，用空格隔开。如果某个值不写，将使用默认值。

格式：

```
选择器{background:颜色值　背景图片　背景重复 背景定位/背景尺寸　背景固定;}
```

【示例 3-28】背景样式简写。

HTML 和 CSS 代码如下：

```
    <!DOCTYPE html>
<html>
    <head>
        <meta charset="utf-8" />
        <title></title>
        <style type="text/css">
            div {
                background: red;
            }
        </style>
    </head>
    <body>
```

```
        <div>多彩贵州</div>
    </body>
</html>
```

运行效果如图 3-32 所示。

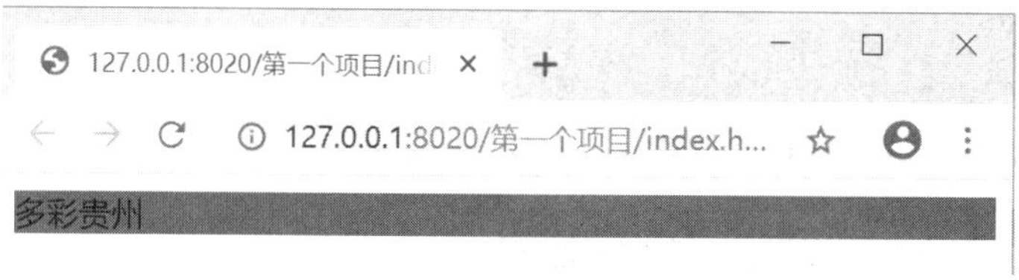

图 3-32　在浏览器中的运行效果

3.6　CSS 尺寸属性

微课：CSS 尺寸属性和字体属性

元素的大小通常是自动的，浏览器会根据元素的内容计算出实际的宽度和高度。但可以通过 CSS 手动设置宽度和高度，控制每个元素的大小，包换宽度、高度。

格式：

```
选择器{width: 数值; height: 数值;}
```

CSS 尺寸属性如表 3-13 所示。

表 3-13　CSS 尺寸属性

属性	含义	单位
width	设置元素的宽度	一般为像素或百分比
max-width	设置元素的最大宽度	
min-width	设置元素的最小宽度	
height	设置元素的高度	
max-height	设置元素的最大高度	
min-height	设置元素的最小高度	

【示例 3-29】设置宽高。

Html 和 css 代码如下：

```
<!DOCTYPE html>
<html>
    <head>
        <meta charset="utf-8" />
```

```
        <title></title>
        <style type="text/css">
            div {
                background: #ff0000;
                width: 100px;
                height: 100px;
            }
        </style>
    </head>
    <body>
        <div></div>
    </body>
</html>
```

运行效果如图 3-33 所示。

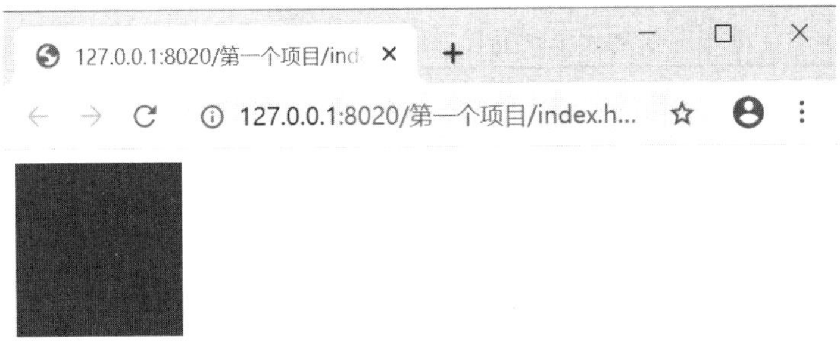

图 3-33　在浏览器中的运行效果

3.7　CSS 字体属性

CSS 为 HTML 的文字设置了字体属性，包括设置字体、大小等，下面介绍最常用的 CSS 字体属性。

1. 字体设置 font-family

font-family 用于设置元素的字体，该元素可以设置多种字体，用“,”隔开。不同设备、不同系统，默认字体不一样，当设置的字体没有生效，则会显示默认字体。

格式：

```
选择器{font-family: "字体 1", "字体 2";}
```

2. 字号设置 font-size

font-size 用于设置文字的尺寸大小。

格式：

选择器{font-size: 合法的尺寸单位;}

如果没有设置字号，浏览器会使用默认字号，一般是16px，可以使用所有CSS尺寸单位，常用单位有：px、%、em、rem等。

CSS常用单位及含义如表3-14所示。

表3-14 CSS常用单位及含义

单位名称	单位含义
px	绝对长度单位，px即像素，一个像素等于计算机屏幕上的一个点
%	相对长度单位，是以父元素作为参考，用父元素的百分比进行计算，父元素改变时，使用%作单位的子元素会跟着改变
em	相对长度单位，em是以自身字体大小作为参考，是自身字体大小的倍数，当自身字体大小改变时，em会跟着改变。举例：1em等于当前的字体尺寸，2em等于当前字体尺寸的两倍
rem	相对长度单位，rem是以根元素（html元素）字体大小作为参考，是根元素字体大小的倍数，默认html元素是16px。 当根元素字体大小改变时，rem会跟着改变

3. 字体加粗 font-weight

格式：

选择器{font-weight: 字体粗度值;}

字体的粗度值如表3-15所示。

表3-15 CSS字体的粗度值

字体的粗度值	含义
数字	100～900，没有单位，一般设置成整百，数字越大，字体越粗
bold	表示粗体，相当于数字700
normal	表示正常字体粗细，相当于数字400

4. 字体样式 font-style

格式：

选择器{font-style: 样式取值;}

CSS字体的样式取值如表3-16所示。

表3-16 CSS字体的样式取值

样式取值	含义
italic	表示倾斜的字体
oblique	表示中间状态的倾斜，偏倾斜字体
normal	表示正常的字体，经常用来重置字体样式

【示例 3-30】设置字体样式。

HTML 代码如下：

```
<!DOCTYPE html>
<html>
    <head>
        <meta charset="utf-8" />
        <title></title>
        <style type="text/css">
            p {
                font-family: "微软雅黑";
                font-size: 18pt;
                font-weight: bold;
                font-style: italic;
            }
        </style>
    </head>
    <body>
        <p> Web 前端开发</p>
    </body>
</html>
```

运行效果如图 3-34 所示。

图 3-34　在浏览器中的运行效果

3.8　CSS 文本属性

我们经常需要控制 HTML 网页中文本的颜色、对齐方式、换行风格等显示效果，这些效果需要用 CSS 文本属性控制。

微课：CSS 文本属性

1. 文本颜色 color

color 用于设置文本的颜色。当文字没有设置颜色时，默认为黑色。

格式：

```
选择器{color: 颜色值;}
```

CSS 常用颜色格式如表 3-17 所示。

表 3-17　CSS 常用颜色格式

颜色格式	含义
#rrggbb	十六进制数，rr(红色)，gg(绿色)，bb(蓝色) 所有值必须介于 00 与 ff 之间，如#f64a8c
rgb(x,x,x)	RGB 值，范围为 rgb(0,0,0) ~ rgb(255,255,255)
英文单词	表示颜色的英文单词，如 red、green、blue、black、white、yellow 等

2. 行高 line-height

行高指每行的高度，不是行间距。当行高与高度 height 相等时，单行文本会垂直居中。

格式：

```
选择器{line-height: 值;}
```

CSS 文本行高值如表 3-18 所示。

表 3-18　CSS 文本行高值

行高值	含义
带尺寸单位的数值	固定的行高
数字	用当前字体大小的倍数来设置行高
百分比	用当前字体大小的百分比来设置行高

3. 首行缩进 text-indent

text-indent 用于设置文本块首行文本的缩进。它的属性值可以是固定的长度值，也可以是相对于父元素宽度的百分比，默认值为 0。

格式：

```
选择器{text-indent: 尺寸单位;}
```

经常使用 em 作为首行缩进的尺寸单位，1em 就表示一个汉字的长度。

4. 水平对齐方式 text-align

text-align 用于设置元素中文本的水平对齐方式

格式：

```
选择器{text-align:left|right|center|justif;}
```

CSS 文本水平排列方式如表 3-19 所示。

表 3-19　CSS 文本水平排列方式及含义

排列方式	含义
left	默认值，文本排列到左边
right	文本排列到右边
center	文本排列到中间
justify	文本两端对齐

5. 文本修饰 text-decoration

text-decoration 用于为文本添加修饰。

格式：

```
选择器{text-decoration:值;}
```

CSS 文本修饰值如表 3-20 所示。

表 3-20　CSS 文本修饰值

修饰值	含义
underline	定义下划线
overline	定义上划线
line-through	定义删除线
none（默认值）	表示没有

6. 文本阴影 text-shadow

text-shadow 用于设置文本的阴影，文本默认是没有阴影的。

格式：

```
选择器{text-shadow: 值 1 值 2 值 3 值 4;}
```

CSS 文本阴影值如表 3-21 所示。

表 3-21　CSS 文本阴影值

阴影值	含义
值 1	水平阴影位置。正值时，阴影在右；负值时，阴影在左
值 2	垂直阴影位置。正值时，阴影在下；负值时，阴影在上
值 3	阴影模糊距离，可选值
值 4	阴影颜色，合法颜色值。可选。默认与文字颜色相同

【示例 3-31】文本格式设置。

HTML 和 CSS 代码如下：

```
<!DOCTYPE html>
<html>
    <head>
        <meta charset="utf-8" />
        <title></title>
```

```
        <style type="text/css">
            div {
                width: 200px;
                height: 50px;
                background: yellow;
                color: #FF0000;
                text-align: left;
                text-decoration: underline;
                text-indent: 20px;
                line-height: 50px;
            }
        </style>
    </head>
    <body>
        <div>贵州欢迎您</div>
    </body>
</html>
```

运行效果如图 3-35 所示。

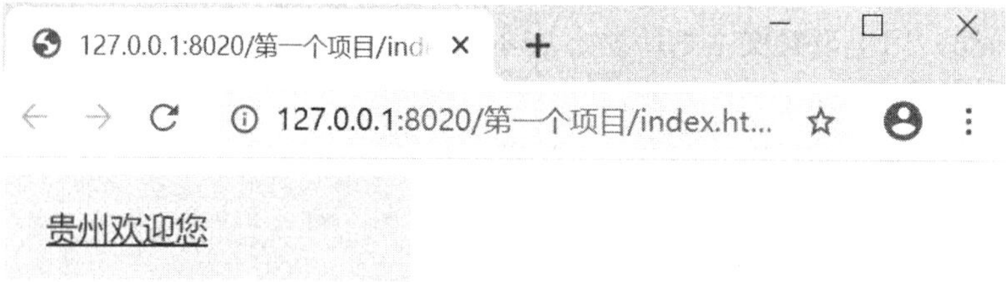

图 3-35　在浏览器中的运行效果

3.9　CSS 溢出属性

使用尺寸属性控制框的大小时，如果内容所需的空间大于框本身的空间，会导致内容溢出，当内容溢出元素框时，可以用 overflow 进行溢出属性设置，属性值选择如表 3-21 所示。

表 3-21　overflow 属性值

overflow 属性值	含义
visible	内容不会被修剪，会显示在元素框之外，默认值
hidden	内容会被修剪，溢出的内容不可见

续表

overflow 属性值	含义
scroll	内容会被修剪，会显示滚动条，以便查看溢出的内容
auto	当内容大于元素框时，内容会被修剪，会显示滚动条，以便查看溢出的内容。当内容小于元素框时，不会显示滚动条

格式：

```
选择器 {overflow:值;}
```

【示例 3-32】不设置溢出的情况。

HTML 和 CSS 代码如下：

```
<!DOCTYPE html>
<html>
    <head>
        <meta charset="utf-8" />
        <title></title>
        <style type="text/css">
            div {
                width: 130px;
                height: 50px;
                border: 1px solid black;
            }
        </style>
    </head>
    <body>
        <div>默认为显示，即使超出尺寸，也显示全部内容</div>
    </body>
</html>
```

运行效果如图 3-36 所示。

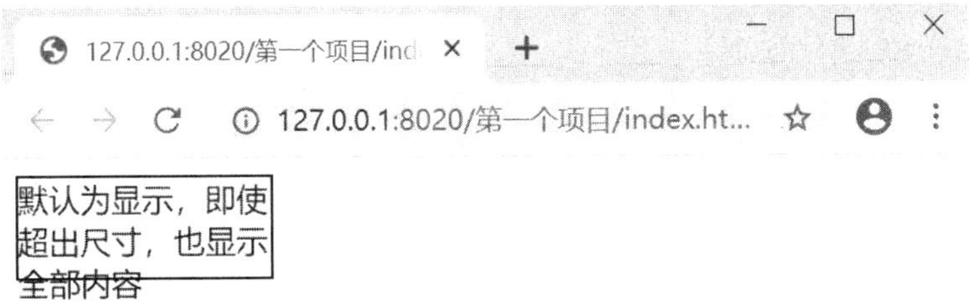

图 3-36　在浏览器中的运行效果

【示例 3-33】设置隐藏溢出内容。

HTML 和 CSS 代码如下：

```
<!DOCTYPE html>
<html>
    <head>
        <meta charset="utf-8" />
        <title></title>
        <style type="text/css">
            div {
                width: 130px;
                height: 50px;
                border: 1px solid black;
                overflow: hidden;
            }
        </style>
    </head>
    <body>
        <div>文本内容超出尺寸时，隐藏文本不显示</div>
    </body>
</html>
```

运行效果如图 3-37 所示。

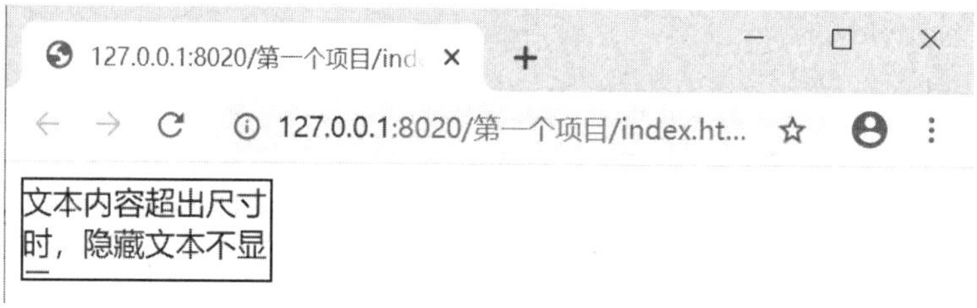

图 3-37　在浏览器中的运行效果

【示例 3-34】设置总是显示滚动条。

HTML 和 CSS 代码如下：

```
<!DOCTYPE html>
<html>
    <head>
        <meta charset="utf-8" />
        <title></title>
        <style type="text/css">
            div {
```

```
                width: 130px;
                height: 50px;
                border: 1px solid black;
                overflow: scroll;
            }
        </style>
    </head>
    <body>
        <div>总显示滚动条</div>
    </body>
</html>
```

运行效果如图 3-38 所示。

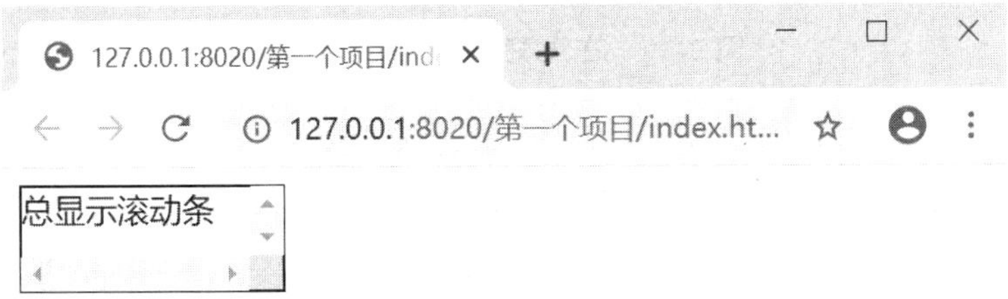

图 3-38　在浏览器中的运行效果

【示例 3-35】设置溢出时滚动条自动显示。

HTML 和 CSS 代码如下：

```
<!DOCTYPE html>
<html>
    <head>
        <meta charset="utf-8" />
        <title></title>
        <style type="text/css">
            div {
                width: 130px;
                height: 50px;
                border: 1px solid black;
                overflow: auto;
            }
        </style>
    </head>
    <body>
```

```
            <div>不超出尺寸就不显示滚动条</div>
            <div>文本内容超出尺寸时，自动显示滚动条</div>
        </body>
</html>
```

运行效果如图 3-39 所示。

图 3-39　在浏览器中的运行效果

3.10　创建图文并茂的名片

3.10.1　框架分析

微课：“贵州荔波小七孔”HTML

“贵州荔波小七孔风景区名片”整个页面结构从上到下包括大标题、图片、小标题、段落。网页和框架如图 3-40 所示。

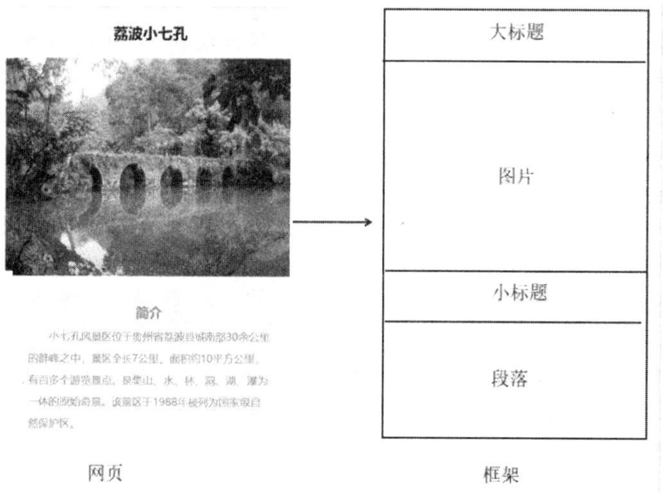

图 3-40　网页和框架

贵州荔波小七孔风景区名片页面框架嵌套顺序如图 3-41 所示。

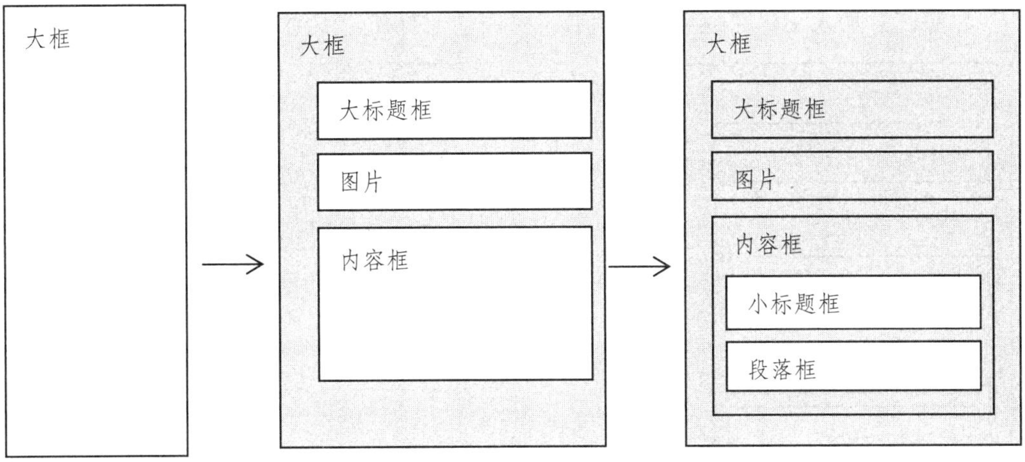

图 3-41 “贵州荔波小七孔风景区名片”框架嵌套顺序

3.10.2 框架对应 HTML 代码

“贵州荔波小七孔风景区名片”页面框架嵌套的步骤：

步骤一：大框对应的 HTML 代码如图 3-42 所示。

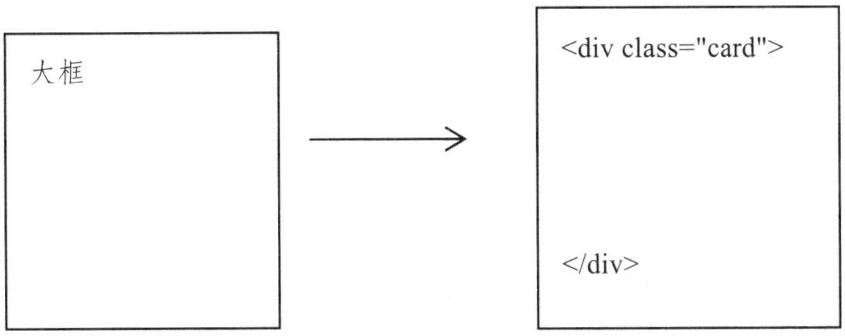

图 3-42 框架嵌套步骤一对应的 HTML 代码

步骤二：加入大标题框、图片、内容框后对应的 HTML 代码如图 3-43 所示。

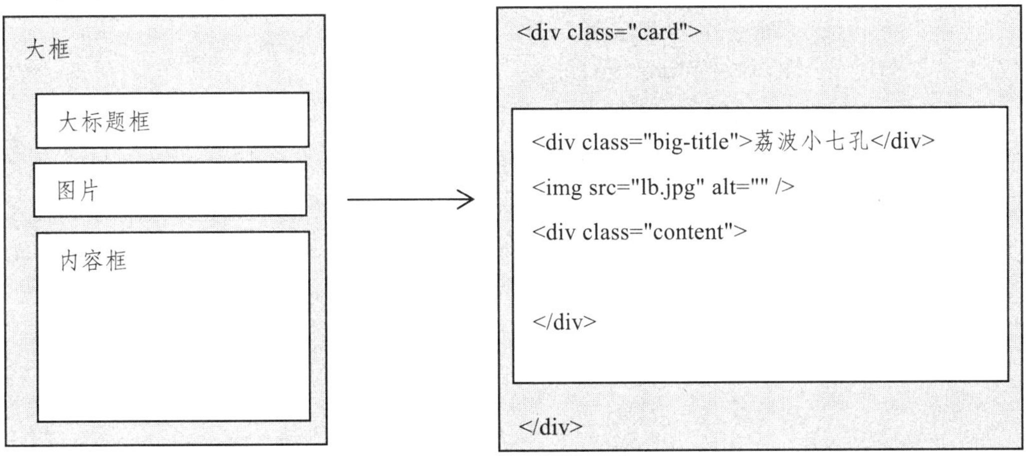

图 3-43 框架嵌套步骤二对应的 HTML 代码

步骤三：加入小标题框和段落框后，对应的 HTML 代码如图 3-44 所示。

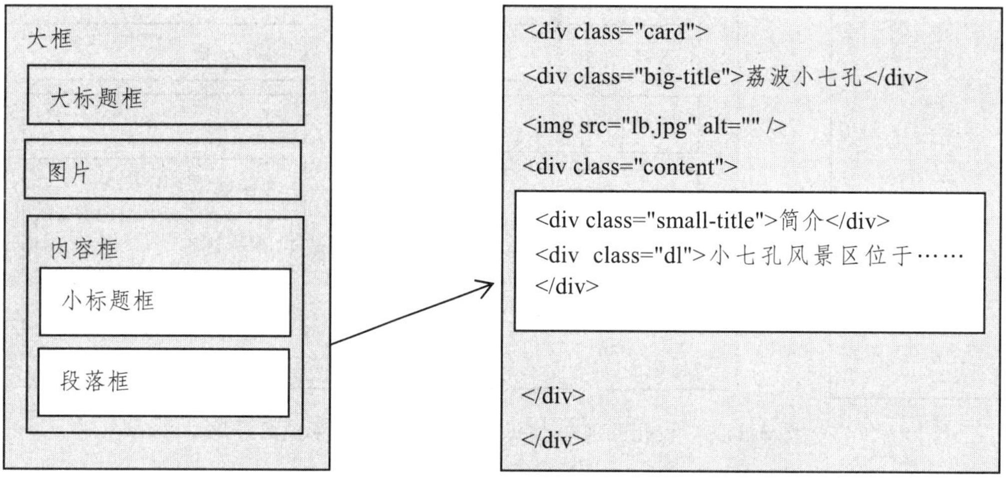

图 3-44　框架嵌套步骤三对应的 HTML 代码

完整的 HTML 代码如下：

```
<!DOCTYPE html>
<html>
    <head>
        <meta charset="utf-8">
        <!--引用 ys.css 样式文件 -->
    <link rel="stylesheet" type="text/css" href="ys.css"/>
    </head>
    <body>
        <div class="card">
            <div class="big-title">荔波小七孔</div>
            <img src="lb.jpg" alt="" />
            <div class="content">
                <div class="small-title">简介</div>
                <div class="dl">小七孔风景区位于贵州省荔波县城南部 30 余公里的群峰之中，景区全长 7 公里，面积约 10 平方公里，有百余个游览景点。小七孔风景区是集山、水、林、洞、湖、瀑为一体的原始奇景，该景区于 1988 年被列为国家级自然保护区。</div>
            </div>
        </div>
    </body>
</html>
```

3.10.3 框架对应 CSS 样式分析

“贵州荔波小七孔风景区名片”页面框架嵌套的步骤：

微课：“贵州荔波小七孔”CSS 样式

步骤一：大框对应的 CSS 代码如图 3-45 所示。

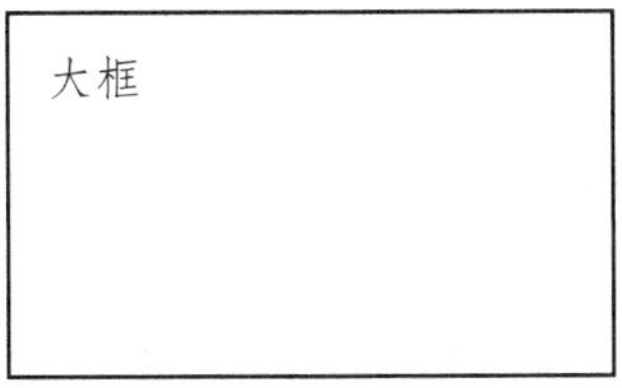


```
/*大框宽度、背景色、水平居中*/
.card{
      width:375px;
      background:#F7F7F7;
      margin:0 auto;
}
```

图 3-45　框架嵌套步骤一对应的 CSS 代码

步骤二：加入大标题框、图片、内容框后，对应的 CSS 代码如图 3-46 所示。

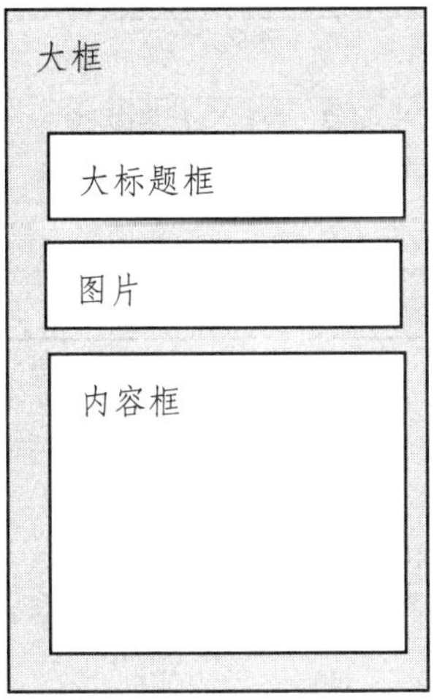


```
/*大标题框水平居中、字号、加粗、内边距*/
.big-title {
   text-align: center;
   font-size: 20px;
   font-weight: bold;
   padding: 20px;
}
/*图片宽度和父级.card 一样宽*/
img {width: 100%;}
/*内容框设置内边距、字号、颜色、行高*/
.content{
   padding: 25px;
   font-size: 14px;
   color: #999;
   line-height: 2;
}
```

图 3-46　框架嵌套步骤二对应的 CSS 代码

步骤三：加入小标题框和段落框后，对应的 CSS 代码如图 3-47 所示。

贵州荔波小七孔风景区名片页面对应的 CSS 样式分析如表 3-22 所示。

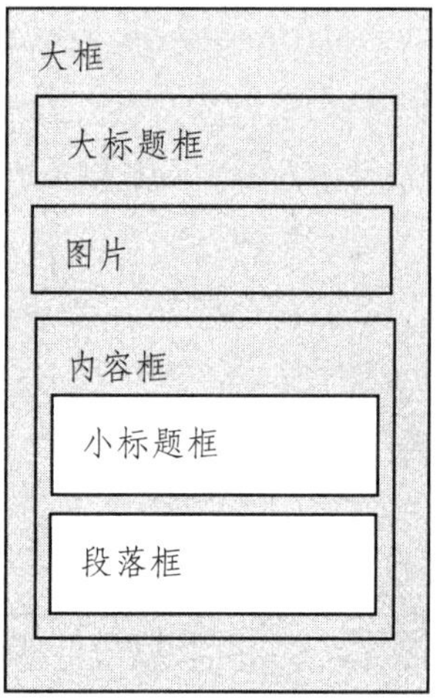


```
/*小标题设置居中、字号、加粗*/
.small-title{
    text-align: center;
    font-size: 18px;
    font-weight: bold;
}
/*段落前面缩进 2 个汉字的宽度*/
.dl {
    text-indent: 2em;
}
```

图 3-47　框架嵌套步骤三对应的 CSS 代码

表 3-22　页面对应的 CSS 样式分析

序号	选择器	样式内容
样式初始化设置	*	清除所有标签默认的外边距和内边距
1	.card	整个名片宽度设置为 375px,背景色为#F7F7F7，名片水平居中
2	.big-title	标题水平居中，字号为 20px，加粗,内边距 20px
3	img	设置宽度
4	.content	内边距为 25px,字号为 14px，颜色为灰色，行高为当前字大小的 2 倍，即 28px
5	.small-title	小标题居中、字号为 18px，加粗
6	.dl	段落前面缩进 2 个汉字的宽度

3.10.4　CSS 代码

“贵州荔波小七孔风景区名片” ys.css 文件完整的代码如下：

```
/*清除所有标签默认的外边距和内边距*/

*{
    margin: 0;
    padding: 0;
}

/*整个名片宽度设置为 375px，背景色为#F7F7F7，名片水平居中*/
```

```
.card {
    width: 375px;
    background: #F7F7F7;
    margin:0   auto;
}

/*标题水平居中，字号为 20px，加粗，内边距 20px*/
.big-title {
    text-align: center;
    font-size: 20px;
    font-weight: bold;
    padding: 20px;
}
/*图片宽度与父级.box 一样宽*/
img {
    width: 100%;
}
/*图片下面内容:内边距为 25px，字号为 14px，颜色为灰色，行高为当前字大小的
2 倍，即 28px*/
.content {
    padding: 25px;
    font-size: 14px;
    color: #999;
    line-height: 2;
}

/*小标题居中，字号为 18px，加粗*/

.small-title {
    text-align: center;
    font-size: 18px;
    font-weight: bold;
}

/*段落前面缩进 2 个汉字的宽度*/
```

```
.dl {
    text-indent: 2em;
}
```

【本章小结】

本章围绕制作图文并茂的名片，介绍了 HTML 中常用的文本标签、图片标签的使用方法以及 CSS 样式中背景、尺寸、字体、文本属性的设置方法，最后综合运用这些标签和 CSS 样式完成图文并茂名片的制作。

【习题】

1. 写出 HTML 中段落、换行、标题、div、图片标签的格式。
2. 什么是 CSS？CSS 常用选择器是哪些？
3. 写出 CSS 背景属性、尺寸属性、字体属性、文本属性、溢出属性的格式。
4. 上网查找黄果树景区资料，制作黄果树景区名片。

第 4 章　HTML+CSS 创建景区图片展示

网页中的很多信息以列表的形式呈现，如导航栏、图片展示都采用列表来显示，超链接也是网页中必须使用的元素。因此，常使用 HTML 中的列表、超链接、图片标签来搭建网页中导航栏和图片展示的结构。CSS 中的盒子模型是网页布局的一个很重要的概念，必须熟练掌握盒子模型的内容，才可以更好地布局网页中各个元素的位置。本章将对列表、超链接、盒子模型、布局进行详细介绍。

【学习目标】

（1）掌握 HTML 中列表和超链接标签的使用；
（2）掌握 CSS 中列表的样式设置；
（3）理解 CSS 中盒子模型的概念；
（4）熟练掌握边框、内边距、外边距的属性设置；
（5）熟练掌握 CSS 中浮动属性、相对定位、绝对定位、固定定位属性设置。

4.1　HTML 的超链接

超链接可以是一段文本或者是一个图片。将鼠标移动到网页中的超链接上时，鼠标箭头会变成一只小手。单击超链接时，会跳转到其他页面或者网页。

课件：HTML+CSS 创建景区图片展示　　微课：HTML 的超链接

超链接格式

```
<a href=""   target="">   ...   </a>
```

超链接属性说明如表 4-1 所示。

表 4-1　超链接属性说明

链接标签属性	含义	取值
href	要链接的地址	绝对路径：即完整路径，带有域名的完整的地址，主要用来链接外部资源 相对路径：以当前文档所在的目录作为参考

续表

链接标签属性	含义	取值
target	在哪里打开目标页面	_self：在当前窗口中打开目标页面（默认值） _blank：在新窗口中打开目标页面 _parent：在父窗口中打开目标页面 _top：在当前整个浏览器窗口中打开目标页面

【示例 4-1】超链接使用绝对路径。

```
<body>
        <a href="http://www.baidu.com">百度</a>
</body>
```

运行效果如图 4-1 所示。

图 4-1　在浏览器中的运行效果

【示例 4-2】超链接使用相对路径。

```
<body>
        <a href="order.html">我的订单</a>
</body>
```

运行效果如图 4-2 所示。

图 4-2　在浏览器中的运行效果

4.1.1　文本链接

文本链接：<a>和</a>标签之间的内容是文本，是最常见的链接形式。

文本链接的格式：

```
<a href=""  target="">文本</a>
```

超链接 href 具体取值示例如表 4-2 所示：

表 4-2　超链接 href 具体取值示例

href 的取值	举例
链接到本网站内的不同网页	<a href="login.html">登录</a>
链接到其他网站	<a href="http://www.baidu.com">百度</a>
下载资源	<a href="xs.zip">下载</a>
电子邮件链接	<a href="mailto:zxy@163.com.cn">联系我们</a>
返回页面顶部的空链接	<a href="#">返回顶部</a>
链接到锚点	锚点：文档中某行的一个记号，用于链接到文档中某个位置。 ① 定义锚点<pid="one">锚点一</p>； ② 链接到锚点：在锚点名前加上#： <a href="#one">...</a>

4.1.2　图像链接

图像链接即<a>和</a>标签之间的内容是<img>图片元素。

图像链接的格式：

```
<a href=""   target=""><img src=""/></a>
```

【示例 4-3】图像链接。

部分 HTML 代码如下：

```
<a href="http://www.baidu.com" ><img src="tp.png"/></a>
```

运行效果如图 4-3 所示。

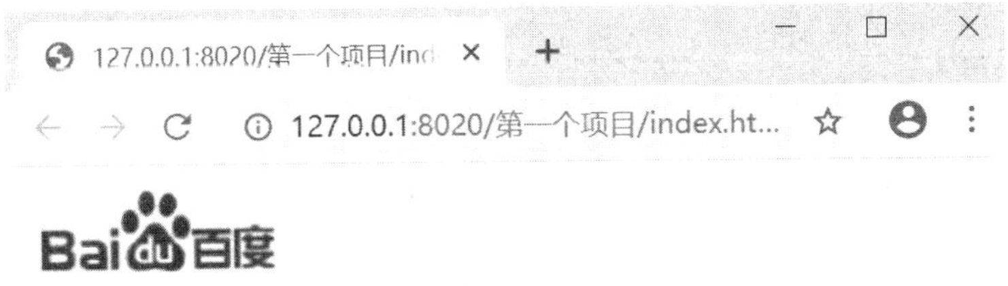

图 4-3　在浏览器中的运行效果

4.2　HTML 的列表

微课：HTML 的列表

列表即样式相同的一组元素，列表分为无序列表和有序列表。无序列表即列表中各个元素在逻辑上没有先后顺序，没有级别之分。无序列表在 HTML 中使用频率很高。无序列表如图 4-4 所示。有序列表即列表中各个元素在逻辑上有先后顺序，有序列表基本用不上，有序列表如图 4-5 所示。

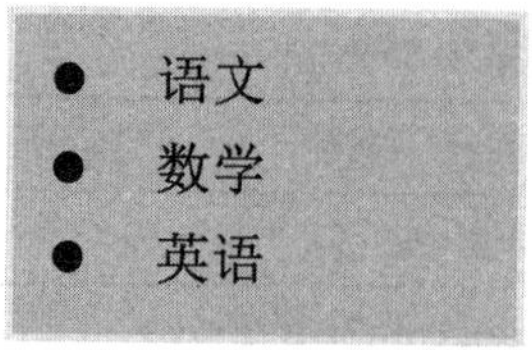

图 4-4　无序列表

图 4-5　有序列表

4.2.1　无序列表

无序列表的每一项前缀默认显示为小圆点符号，通常使用 CSS 样式去掉小圆点。无序列表包括两部分，最外面是<ul></ul>标签，定义无序列表；里面是<li></li>标签，定义列表项。每个列表项独占一行。

无序列表格式：

```
<ul>
    <li>文字或图片或其他元素</li>
                ........
    <li>文字或图片或其他元素</li>
</ul>
```

【示例 4-4】无序列表标签的使用。

部分 HTML 代码：

```
<ul>
    <li>语文</li>
    <li>数学</li>
    <li>英语</li>
</ul>
```

运行效果如图 4-6 所示。

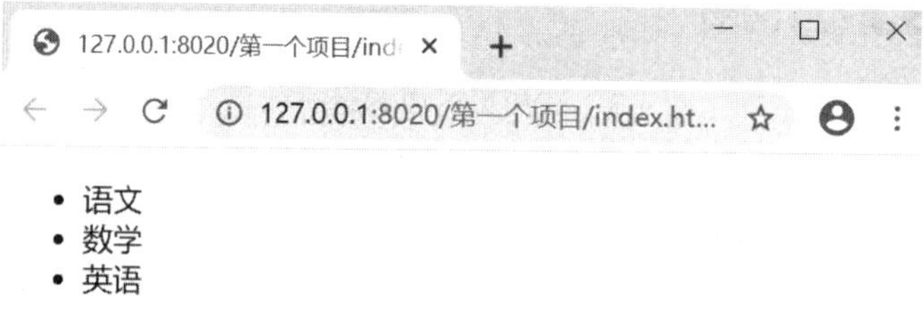

图 4-6　在浏览器中的运行效果

4.2.2　有序列表

有序列表的每一项前缀是数字或者字母，有序列表包括两部分，最外面是<ol></ol>

标签，定义有序列表；里面是<li></li>标签，定义列表项。每个列表项独占一行。

有序列表格式：

```
<ol>
    <li>文字或图片或其他元素</li>
            ........
    <li>文字或图片或其他元素</li>
</ol>
```

【示例 4-5】有序列表部分 HTML 代码如下：

```
<ol>
    <li>语文</li>
    <li>数学</li>
    <li>英语</li>
</ol>
```

运行效果如图 4-7 所示。

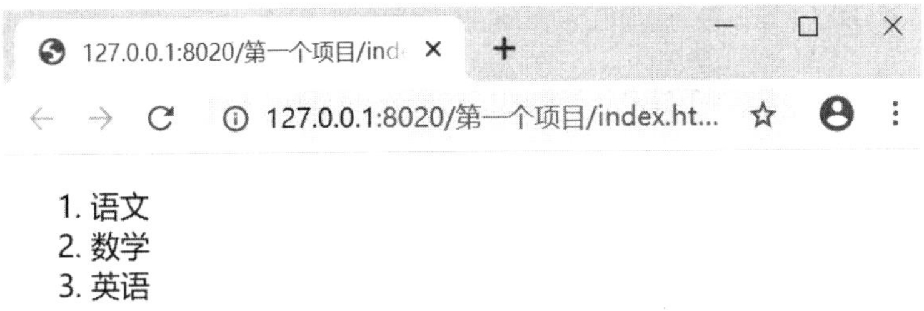

图 4-7　在浏览器中的运行效果

4.3　CSS 列表属性

list-style-type 属性用于控制列表项标志。

无序列表：在各列表项旁边会默认出现小圆点。

无序列表 list-style-type 属性取值如表 4-3 所示。

表 4-3　无序列表取值

list-style-type 属性值	含义
none	无标记
disc	实心圆（为默认值）
square	实心方块
circle	空心圆

【示例 4-6】去掉无序列表前面的小圆点符号。

HTML 代码如下：

```
<ul class="none">
    <li>一年级</li>
    <li >二年级</li>
    <li >三年级</li>
    <li >四年级</li>
</ul>
```

CSS 代码如下：

```
<style type="text/css">
.none {list-style-type:none;}
</style>
```

运行效果如图 4-8 所示。

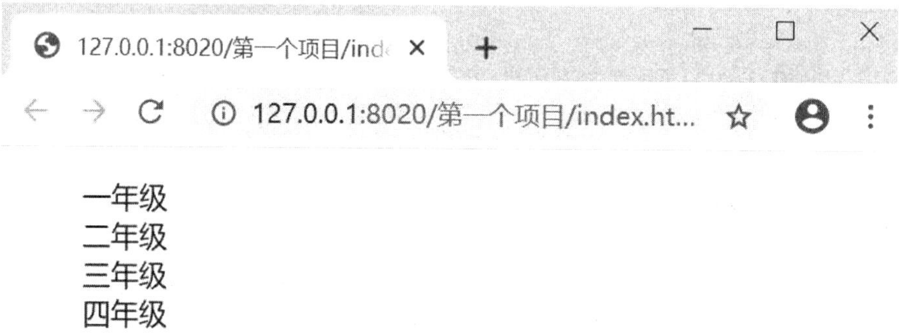

图 4-8　在浏览器中的运行效果

4.4　CSS 盒模型

CSS 盒模型又叫框模型（Box Model），每个元素（element）都可以看成是框架或者盒子。盒子包括外边距（margin）、边框（border）、内边距（padding）、元素内容（content）。CSS 盒模型如图 4-9 所示。

微课：CSS 盒模型

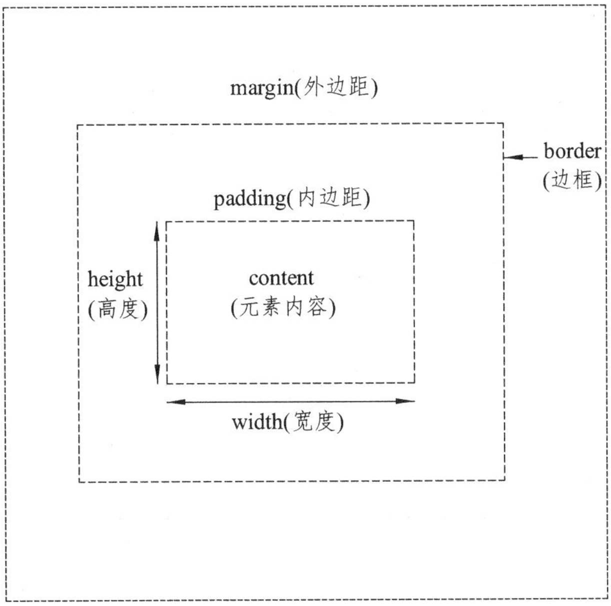

图 4-9 CSS 盒模型

4.4.1 元素框尺寸

所有元素都可以有宽高（width 和 height 指元素内容的宽度和高度），增加内边距、边框、外边距不会影响元素内容的尺寸，但是会增加元素框的总尺寸。

元素框实际宽度 = 左侧外边距 + 左侧边框宽度值 + 左侧内边距 + 内容宽度 + 右侧内边距 + 右侧边框宽度值 + 右侧外边距

【示例 4-7】设置元素框尺寸。

部分 HTML 代码如下：

```
<body>
    <div class="box"></div>
</body>
```

CSS 代码如下：

```
<style type="text/css">
    .box {
        width: 70px;
        height:50px;
        margin: 10px;
        padding: 5px;
    }
</style>
```

盒模型实际宽度尺寸如图 4-10 所示。

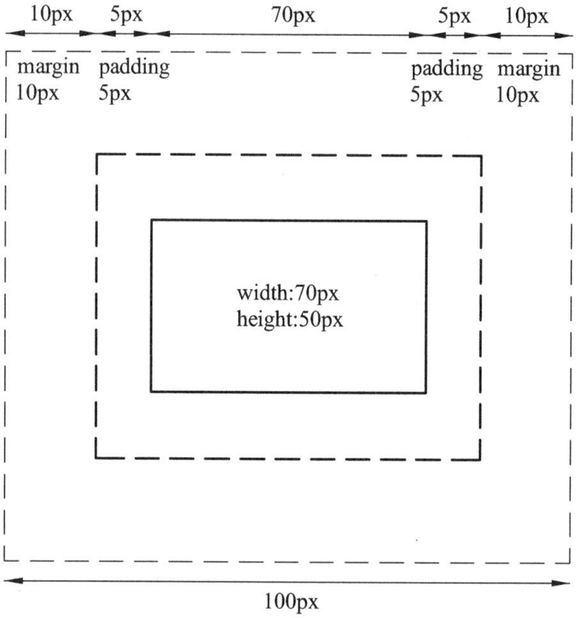

图 4-10　盒模型实际宽度尺寸

4.4.2　CSS 边框

微课：CSS 边框

1. 边框属性

CSS 边框是围绕元素内容和内边距的线条，设置边框属性时，首先确定的是方向，边框有 4 个方向：上、右、下、左。可以一次定义 4 个方向边框的宽度、样式、颜色，也可以只定义一个方向边框的宽度、样式、颜色。CSS 边框格式如表 4-4 所示。

表 4-4　CSS 边框格式

方向	格式	含义
简写方式	border:width style color;	一次定义 4 个方向的边框宽度、样式、颜色
上边框格式	border-top:width style color;	只定义上边框宽度、样式、颜色
右边框格式	border-right:width style color;	只定义右边框宽度、样式、颜色
下边框格式	border-bottom:width style color;	只定义下边框宽度、样式、颜色
左边框格式	border-left:width style color;	只定义左边框宽度、样式、颜色

边框常用样式值如表 4-5 所示。

表 4-5　边框常用样式值

边框样式值	含义
none	无边框效果
dotted	点线边框效果
dashed	虚线边框效果
solid	实线边框效果
double	双线边框效果

边框宽度值如表 4-6 所示。

表 4-6　边框宽度值

边框宽度值	含义
thin	细的边框
medium	标准边框（默认值）
thick	粗的边框
像素值	自定义的长度

【示例 4-8】边框设置。

部分 HTML 代码如下：

```
<div ></div>
```

CSS 代码如下：

```
<style type="text/css">
div{
	border:2px solid red;
	width:150px;
	height:50px;
}
</style>
```

运行效果如图 4-11 所示。

图 4-11　运行效果

2. 圆角边框

可以使用 border-radius 给元素添加圆角的边框，格式如表 4-7 所示。

表 4-7　border-radius 边框倒角

<table>
<tr><th>方向</th><th>格式含义举例</th><th>属性值</th></tr>
<tr><td>边框左上角</td><td>border-top-left-radius：值;</td><td rowspan="5">为绝对值或者百分比</td></tr>
<tr><td>边框右上角</td><td>border-top-right-radius：值;</td></tr>
<tr><td>边框右下角</td><td>border-bottom-right-radius：值;</td></tr>
<tr><td>边框左下角</td><td>border-bottom-left-radius：值;</td></tr>
<tr><td>简写方式</td><td>border-radius:值（左上角）值（右上角）值（右下角）值（左下角）;
border-radius:值（左上角和右下角相同）值（右上角和左下角相同）;
border-radius:值（左上角）值（右上角和左下角相同）值（右下角）;
border-radius:4 个方向圆角都是相同的值</td></tr>
</table>

【示例 4-9】边框倒角设置。

部分 HTML 代码如下：

```
<div class="nr1"></div> <br >
<div class="nr2"></div> <br>
```

CSS 代码如下：

```
<style type="text/css">
    div  {
        border:2px solid red;
        width:150px;
        height:40px;
    }
    .nr1 {border-radius:10px 15px 20px 25px;}
    .nr2 {border-radius:10px;
    }
</style >
```

运行效果如图 4-12 所示。

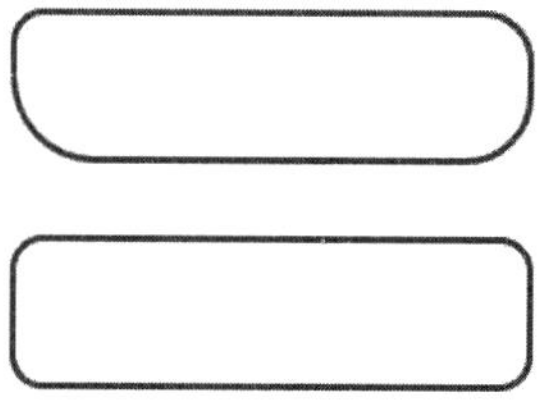

图 4-12　运行效果

3. 边框阴影

box-shadow：给方框添加一个或多个阴影。

格式如下：

```
box-shadow: h-shadow v-shadow blur spread color inset;
```

box-shadow 的属性值如表 4-8 所示。

表 4-8　box-shadow 的属性值

box-shadow 属性值	含义
h-shadow	必选项，水平阴影的位置
v-shadow	必选项，垂直阴影的位置
blur	可选项，模糊距离
spread	可选项，为阴影的尺寸
color	可选项，为阴影的颜色

【示例 4-10】边框阴影设置。

部分 HTML 编码如下：

```
<div class="nr1"></div><br />
<div class="nr2"></div><br />
<div class="nr3"></div>
```

CSS 代码如下：

```
<style type="text/css">
    div {
            border:2px solid red;
            width:120px;
            height:40px;
    }
    .nr1 {box-shadow: 5px 15px;}
    .nr2 {box-shadow: 10px 10px #ccc;}
    .nr3 {box-shadow: 10px 10px   5px   #000;}
    }
<style >
```

运行效果如图 4-13 所示。

图 4-13　运行效果

4.4.3　CSS 内边距

内边距是指边框和内容之间的距离。CSS 内边距 padding 的格式如表 4-9 所示。

微课：CSS 内边距

表 4-9　内边距 padding 的格式

方向	格式	属性值
上内边距	padding-top:值;	像素、百分比，但不能为负数
右内边距	padding-right:值;	
下内边距	padding-bottom:值;	
左内边距	padding-left:值;	
简写方式	内边距简写有以下 4 种形式： ① padding : value(上) value(右) value(下) value(左) ; ② padding : value(上) value(左右) value(下); ③ padding : value(上下) value(左右); ④ padding : value(四个方向相同);	

【示例 4-11】内边距设置。

部分 HTML 代码如下：

```
<div   >贵州杉木河景区</div>
<br/>
<div class="nr" >贵州杉木河景区</div>
```

CSS 代码如下：

```
<style type="text/css">

    div
```

```
    {
        border:2px solid red;
        width:150px;
        height:50px;
    }
    .nr
   {padding:20px;
   }
</style>
```

运行效果如图 4-14 所示。

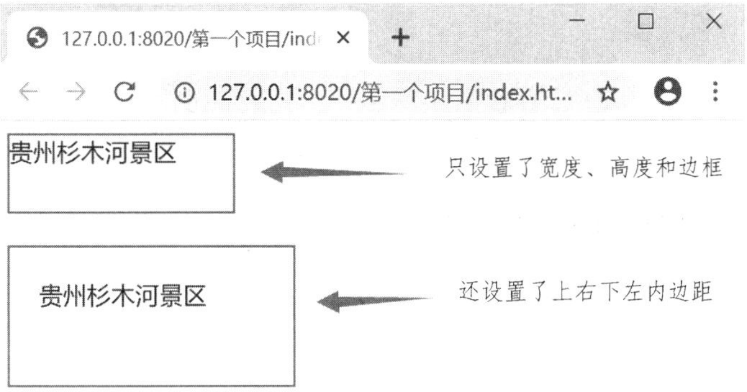

图 4-14　运行效果

4.4.4　CSS 外边距

围绕在元素边框周围的外空白区域是外边距，它表示与下一个元素之间的距离。

CSS 外边距 margin 的格式如表 4-10 所示。

微课：CSS 外边距

表 4-10　外边距 margin 的格式

方向	格式	属性值
上外边距	margin-top：值;	像素、百分比，但不能为负数。 外边距如果取值 auto，将实现水平方向居中显示的效果
右外边距	margin-right：值;	
下外边距	margin-bottom：值;	
左外边距	margin-left：值;	
简写方式	外边距简写有以下 4 种形式： ①margin : value(上) value(右) value(下) value(左)； ②margin : value(上) value(左右) value(下); ③margin : value(上下) value(左右); ④margin : value(4 个方向相同);	

默认情况下，很多 HTML 块级元素都有外边距和内边距，如 body、h1、h2、h3、h4、h5、h6、p。因此，在写 CSS 样式文件时，一般要给默认有外边距和内边距的标签，重新设置 margin 为 0，padding 为 0。

【示例 4-12】外边距设置。

HTML 代码如下：

```
<div class="nr1" > </div>
<div class="nr2" ></div>
<div class="nr3" ></div>
```

CSS 代码如下：

```
<style type="text/css">
    .nr1,.nr3 {
        margin:10px;
    }
   .nr2{
       margin:10px 10px 30px 10px;
   }
</style >
```

运行效果如图 4-15 所示。

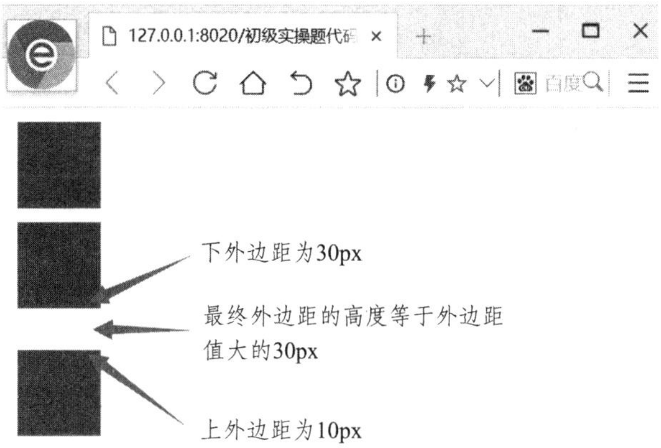

图 4-15　运行效果

注意：元素上下排列时，上下外边距不会叠加，只保留一个外边距（取上下外边距最大值）。元素左右排列时，左右外边距会叠加（左右外边距会相加）。

4.5　CSS 布局属性

微课：布局属性

布局属性指的是文档中元素排列显示的规则。

HTML 提供了以下 3 种方式布局。

（1）普通文档流：文档中的元素按照默认的显示规则排版布局，即从上到下，从左到右。每一个块级元素都会出现在一个新行中。块级元素从上到下垂直排列。行级元素从左到右水平排列。普通文档流的元素不会重叠显示。

（2）浮动：设定元素向左或向右浮动，让块级元素排在一行。浮动元素不会重叠显示。

（3）定位：设定元素的位置，布局没有规律的元素，定位元素可以重叠显示。

4.5.1 CSS 浮动属性

浮动可以使元素脱离普通文档流，CSS 定义浮动，可以使块级元素向左或向右浮动。浮动涉及的常用属性如表 4-11 所示。

表 4-11 浮动相关属性

涉及浮动的相关属性	含义	属性值
float	设置浮动的方向	right/left
clear	设置元素的哪一侧不允许出现其他浮动元素	both/right/left/none
overflow	设置内容溢出元素框时的处理方式	visible/hidden/scroll/auto
display	设置元素如何显示	none/block/inline/inline-block
visibility	设置是否可见	visible/hidden

1. float

float 控制元素是否浮动，以及如何浮动。元素设置浮动后，元素将脱离标准文档流。浮动的元素可以向左或向右移动，直到它的外边缘碰到包含框或另一个浮动框的边框为止。浮动元素依旧位于包含框之内。

【示例 4-13】不浮动的 3 个 div。

HTML 代码如下：

```
<body>
    <div class="box1" ></div>
    <div class="box2"></div>
    <div class="box3"></div>
</body>
```

CSS 代码如下：

```
<style type="text/css">
        div{width:50px;height: 50px;}
        .box1{
            background: red;
```

```
        }
        .box2{
            background: yellow;
        }
        .box3{
            background: green;
        }
</style>
```

运行效果如图 4-16 所示。

图 4-16 运行效果

【示例 4-14】设置示例 4-13 中类名为 boxl 的元素向右浮动。

CSS 代码如下：

```
<style type="text/css">
    div{width:50px;height: 50px;}
        .box1{
            background: red;
            float: right;
        }
        .box2{
            background: yellow;
        }
        .box3{
            background: green;
        }
</style>
```

运行效果如图 4-17 所示。

图 4-17　运行效果

类名为 box1 的 div 向右浮动，就像浮云一样浮起来了，脱离文档流并且向右移动，直到右边缘碰到它的父级 body 元素的右边缘，浮动元素后面的正常元素会自动补位。

【示例 4-15】设置示例 4-13 中类名为 boxl 的元素向左浮动。

CSS 代码如下：

```
<style type="text/css">
div{width:50px;height: 50px;}
        .box1{
            background: red;
            float: left;
        }
        .box2{
            background: yellow;
        }
        .box3{
            background: green;
        }
    </style>
```

运行效果如图 4-18 所示。

图 4-18　运行效果

类名为 box1 的 div 向左浮动，就像浮云一样浮起来了，脱离文档流并且向左移动，直到左边缘碰到它的父级 body 元素的左边缘，浮动元素后面的正常元素会自动补位。因此，它会覆盖住类名为.box2 的 div，类名为.box2 的 div 就看不见了。

【示例 4-16】设置 3 个 div 都向左浮动。

CSS 代码如下：

```
<style type="text/css">
        div{width:50px;height: 50px;}
          .box1{
              background: red;
              float: left;
          }
          .box2{
              background: yellow;
              float: left;
          }
          .box3{
              background: green;
              float: left;
          }
</style >
```

运行效果如图 4-19 所示。

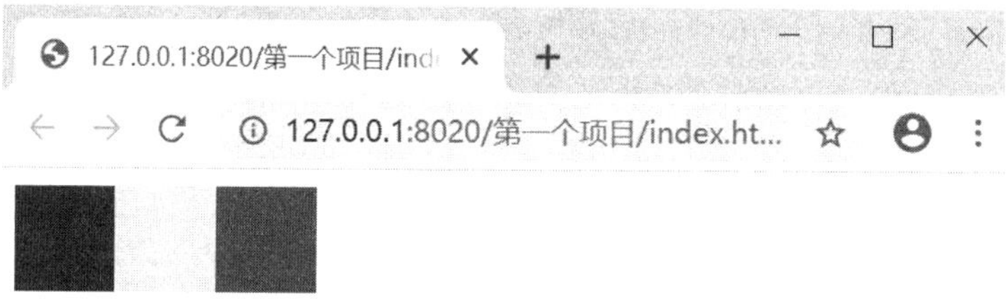

图 4-19　运行效果

3 个 div 都向左移动，那么第 1 个 div 向左浮动直到碰到父级包含框 body，另外两个框向左浮动直到碰到前一个浮动框，因此 3 个框在同一行上显示。

注意：

（1）如果父级包含框太窄，一行装不下所有浮动元素，那么其他浮动元素会自动向下移动，直到有足够的空间。

【示例 4-17】父级宽度不够大，浮动时移到下一行。

部分 HTML 代码如下：

```
<div class="big">
```

```
    <div class="box1"></div>
    <div class="box2"></div>
    <div class="box3"></div>
    </div>
```

CSS 代码如下：

```
<style type="text/css">
        .big{width:120px;}
        .box1,.box2,.box3{width:50px;height: 50px;float: left;}
        .box1{
            background: red;
          }
          .box2{
            background: yellow;
          }
          .box3{
            background: green;
          }
</style >
```

运行效果如图 4-20 所示。

图 4-20　运行效果

（2）如果浮动元素的高度不同，那么当它们向下移动时可能被其他浮动元素“卡住”。

【示例 4-18】浮动被卡住。

CSS 代码如下：

```
<style type="text/css">
        .big{width:120px;}
         .box2{width:50px;height: 20px;float:left;}
         .box1,.box3{width:50px;height: 50px;float: left;}
         .box1{
```

```
            background: red;
        }
        .box2{
            background: yellow;
        }
        .box3{
            background: green;
        }
</style >
```
运行效果如图 4-21 所示。

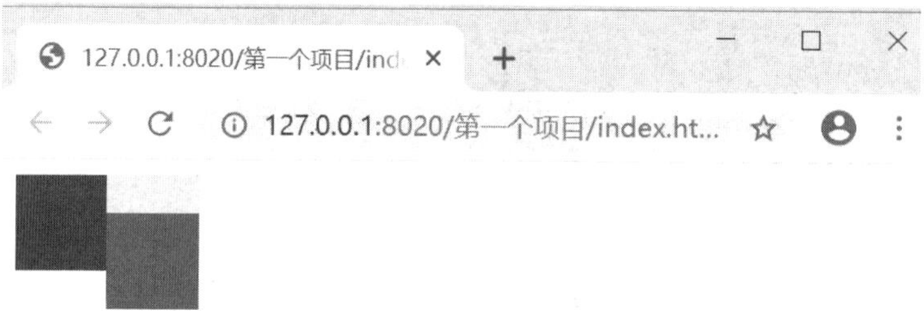

图 4-21　运行效果

2. display

display 用于设置元素如何显示。它的属性值如表 4-12 所示。

表 4-12　display 的属性值

display 的属性值	含义
display: none	该元素不显示
display: block	该元素转换为块级元素
display: inline	该元素转换为行级元素
display: inline-block;	该元素转换成行内块级元素

【示例 4-19】display 属性值设置。

HTML 代码如下：

```
<div >贵州美食酸汤鱼</div>
<span >千户苗寨</span>
```

CSS 代码如下：

```
        <style type="text/css">
            div {
                background: green;
                width: 200px;
```

```
            height: 80px;
            display: none;
        }
        span {
            display: block;
            width: 100px;
            height: 50px;
            background: red;
        }
    </style>
```

运行效果如图 4-22 所示。

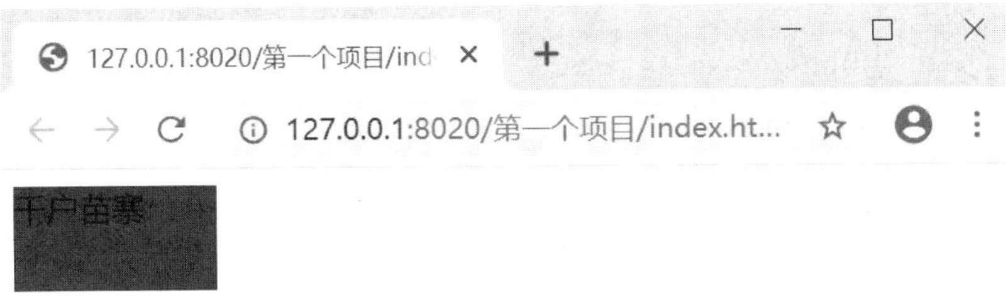

图 4-22　运行效果

3. clear

clear 属性设置不允许哪一侧出现浮动元素。clear 的属性值如表 4-13 所示。

表 4-13　clear 的属性值

clear 的属性值	含义
clear: left;	元素左侧不能有浮动元素
clear: right;	元素右侧不能有浮动元素
clear: both;	元素左右两侧都不能有浮动元素

如果父元素没有设置高度，子元素设置了浮动，会造成父元素高度塌陷。解决办法：使用伪元素方法在父元素内容之后加一个空内容，设置成块级元素，设置左右两侧不能有浮动元素。

【示例 4-20】父元素的高度塌陷。

HTML 代码如下：

```
<div class="box">
    <div class="nr1"></div>
    <div class="nr2"></div>
</div>
```

CSS 代码如下：

```
<style type="text/css">
.box{
        width:150px;
        border:1px solid black;
      }
.nr1,.nr2 {
       border:1px solid red;
       background:yellow;
       float:left;
       width:50px;
       height:50px;
      }
</style >
```

运行效果如图 4-23 所示。

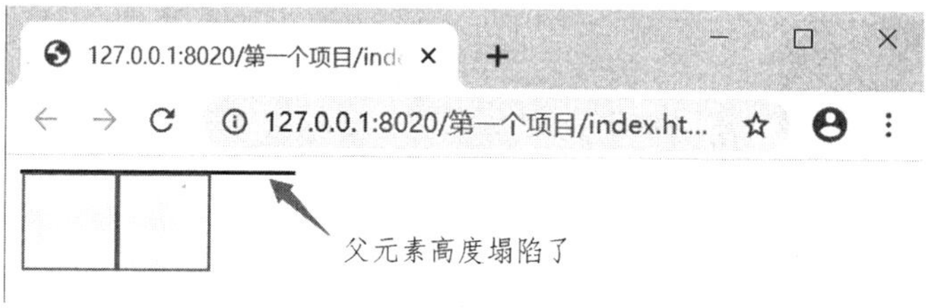

图 4-23　运行效果

【示例 4-21】解决示例 4-20 父元素高度塌陷问题。

CSS 代码如下：

```
<style type="text/css">
.box{
        width:150px;
        border:1px solid black;
      }
/*添加空元素，并设置 clear 属性来清理浮动 */
.box: : after{
            content: "";
            display: block;
            clear: both;
      }
.nr1,.nr2 {
       border:1px solid red;
```

```
        background:yellow;
        float:left;
        width:50px;
        height:50px;
        }
    </style >
```

运行效果如图 4-24 所示。

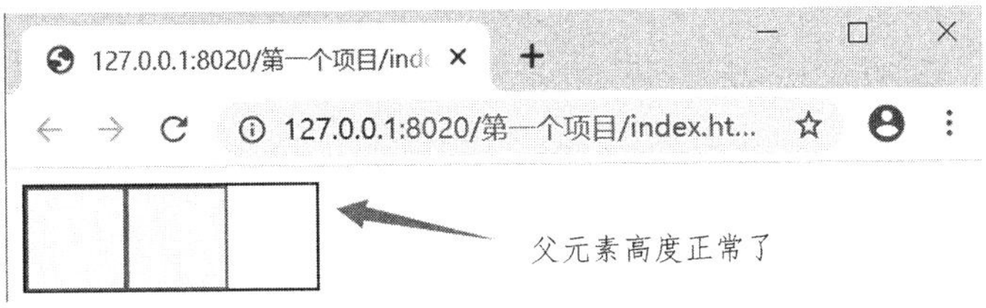

图 4-24　运行效果

4. overflow 属性

如果元素内容所需的空间大于框本身的空间，会导致内容溢出。可以使用 overflow 属性来控制。overflow 的属性值如表 4-14 所示。

表 4-14　overflow 的属性值

overflow 可取值	含义
visible	默认值，超出内容不会被修剪，也不添加滚动条，会呈现在元素框之外
hidden	超出内容会被修剪
scroll	内容会被修剪，一直显示滚动条
auto	如果内容被修剪，自动添加滚动条以便查看其余的内容

【示例 4-22】设置 overflow 属性值。

HTML 部分编码如下：

```
<div>
    黄果树瀑布闻名海内外，作为贵州省较为出名的景区之一，风景不错，很多人慕名而来，体力好的可以走下去，用不同的角度看黄果树瀑布，体力不好的可以坐扶梯直达底下，单程 30 元，往返 50 元。瀑布景色挺好的，从瀑布右边观景台看瀑布还看见彩虹。
</div>
```

CSS 代码如下：

```
<style type="text/css">
div{
        width: 200px;height:100px;border: 2px solid red;
```

```
        line-height: 21px;
        overflow: auto;
        }
</style>
```

运行效果如图 4-25 所示。

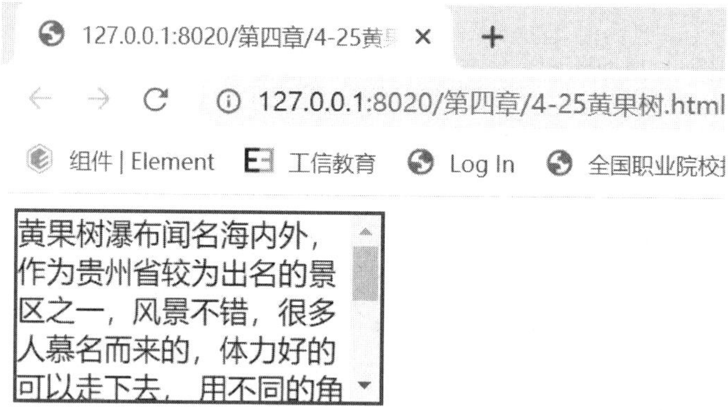

图 4-25 运行效果

5. visibility

visibility 属性设置元素是否可见，visibility 的属性值如表 4-15 所示。

表 4-15 visibility 的属性值

visibility 的属性值	含义
visible	默认值，元素可见
hidden	元素不可见，但是依然占据空间

【示例 4-23】visibility 属性设置。

HTML 代码如下：

```
<div>文本一</div>
<div class="ys">文本二</div>
<div>文本三</div>
```

CSS 代码如下：

```
<style type="text/css">
div {
    width:50px;
    height:50px;
    border:1px solid black;
    }
.ys{
    visibility:hidden;
```

```
    }
</style >
```

运行效果如图 4-26 所示。

图 4-26　运行效果

4.5.2　定位属性

使用定位设置元素的位置。定位包括相对定位、绝对定位和固定定位。

微课：CSS 定位

CSS 定位常用属性如表 4-16 所示。

表 4-16　CSS 定位常用属性

属性	含义	属性值
position	元素的定位类型	absolute/relative/stactic/fixed
top	上方偏移量	auto/长度/百分比
right	右侧偏移量	
bottom	下方偏移量	
left	左侧偏移量	
z-index	设置堆叠顺序	auto/number

1. 相对定位

相对定位：元素脱离了文档流，但元素原来的位置仍保留，该元素相对于它原来的位置进行偏移。

设置元素相对定位的步骤如表 4-17 所示。

表 4-17　相对定位

设置相对定位			
步骤 1	定位方式	position:relative	
步骤 2	在哪个方向偏移	水平方向	如果 left 和 right 同时设置，left 优先
		垂直方向	如果 top 和 bottom 同时设置，top 优先

【示例 4-24】设置相对定位。

HTML 代码如下：

```
    <div></div>
    <div class="ys"></div>
    <div></div>
```

CSS 代码如下：

```
<style type="text/css">
div{
    width : 50px;
    height : 50px;
    border : 1px solid gray;
    background-color:#ccc;
}
.ys{
    position:relative;
    left:40px;
    top:30px;
    }
</style>
```

运行效果如图 4-27 所示。

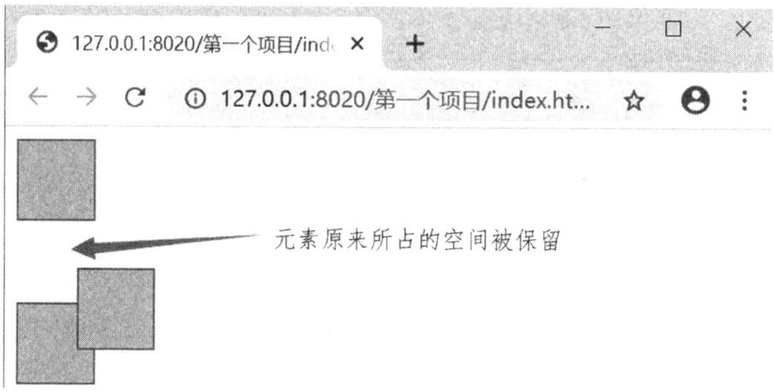

图 4-27　运行效果

2. 绝对定位

绝对定位：将元素的内容从普通流中完全移除，不占据空间，该元素相对于父元素偏移，绝对定位的父元素必须是已定位元素。

设置元素为绝对定位的步骤如表 4-18 所示。

表 4-18　绝对定位

设置绝对定位			
步骤 1	定位方式	position: absolute	
步骤 2	在哪个方向偏移	水平方向	如果 left 和 right 同时设置，left 优先
		垂直方向	如果 top 和 bottom 同时设置，top 优先

【示例 4-25】不设置定位。

HTML 代码如下：

```
<body>
    <div class="box">
        <div class="nr">1</div>
        <div class="nr">2</div>
    </div>
</body>
```

CSS 代码如下：

```
<style type="text/css">
.box {
    width : 200px;
    height : 150px;
    border : 1px solid gray;
}
.nr {
    width:80px;
    height:40px;
    border:1px solid black;
    background-color:gray;
}
</style >
```

运行效果如图 4-28 所示。

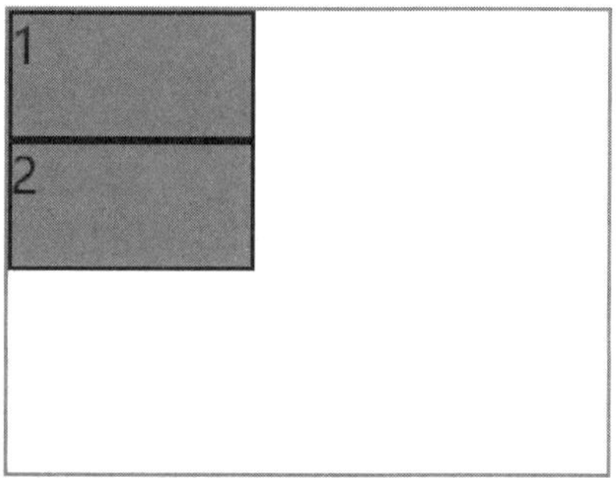

图 4-28　运行效果

【示例 4-26】设置绝对定位。

HTML 代码如下：

```
<div class="box">
        <div class="nr">1</div>
        <div class="nr" style="position: absolute; top: 15px ; left: 30px;">2</div>
    </div>
```

CSS 代码如下：

```
<style type="text/css">

.box {
    width : 200px;
    height : 150px;
    border : 1px solid gray;
    position : relative;
}
.nr {
    width:80px;
    height:40px;
    border:1px solid black;
    background-color:gray;

}
</style >
```

运行效果如图 4-29 所示。

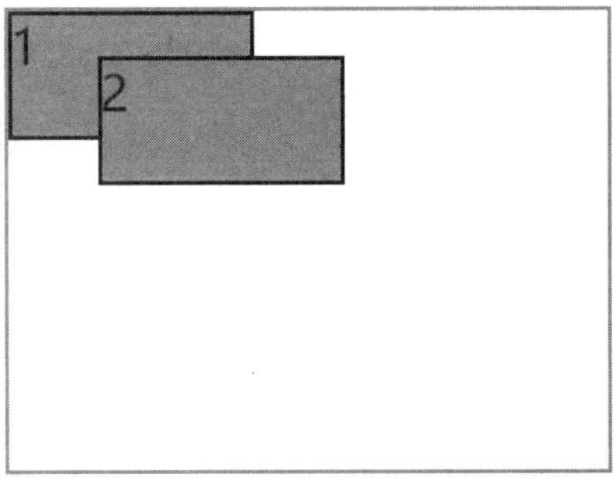

图 4-29　运行效果

3. 固定定位

固定定位将元素的内容相对于浏览器窗口进行定位。元素从普通流中完全移除，原来的位置不会被保留。设置了固定定位后，当用户向下滚动页面时，元素不会随着移动。

设置元素为固定定位的步骤如表 4-19 所示。

表 4-19　固定定位

设置固定定位			
步骤 1	定位方式	position :fixed	
步骤 2	在哪个方向偏移	水平方向	如果 left 和 right 同时设置，left 优先
		垂直方向	如果 top 和 bottom 同时设置，top 优先

【示例 4-27】设置固定定位。

HTML 代码如下：

```
<div class="dz">优惠活动</div>
<p>景区 1</p>
<p>景区 2</p>
```

CSS 代码如下：

```
<style type="text/css">
.dz{
      position:fixed;
      top:30px;
      left:80px;
      width:20%;
      height:50px;
      border:1px solid gray;
```

```
        background-color:#f0f0f0;
        padding:20px;
        font-size:24px;}
    p{
        border:2px dotted black;
        height:60px;
        background-color:pink;
    }
    </style >
```

运行效果如图 4-30 所示。

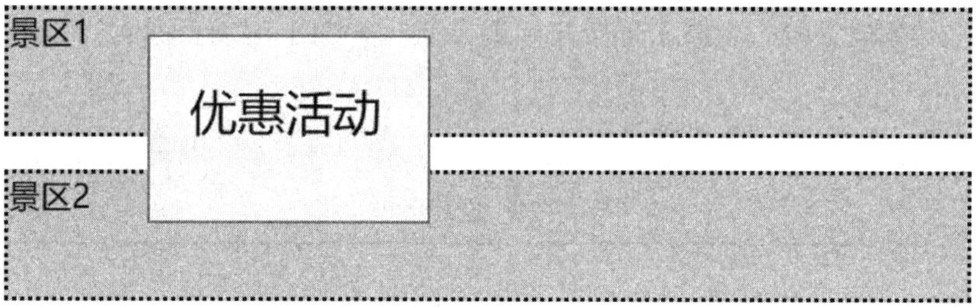

图 4-30　运行效果

堆叠顺序用 z-index 设置。一旦设置了元素的定位方式，则元素可能会发生堆叠。每一个定位元素会独占一层。使用 z-index 属性来控制元素框出现的重叠顺序。类似 PhotoShop 图层一样的，z-index 属性的数值越大，元素摆放的位置就越往上面；z-index 属性的数值越小，元素摆放的位置就越往下面。

【示例 4-28】设置堆叠顺序。

HTML 代码如下：

```
<div class="box">
    <div class="nr1"></div>
    <div class="nr2"></div>
    <div class="nr3"></div>
</div>
```

CSS 代码如下：

```
<style type="text/css">

        .box{width:130px; height:130px;border: 1px solid black;position: relative;}
        .nr1,.nr2,.nr3{width: 50px;height: 50px;border: 1px solid black;}
```

```
        .nr1{
            background: red;
            position: absolute;
            left: 0;
            top:0;
            z-index: 1;
        }
        .nr2{
            background: yellow;
            position: absolute;
            left: 15px;
            top:15px;
            z-index: 3;
        }
        .nr3{
            background: green;
            position: absolute;
            left: 30px;
            top:30px;
            z-index: 2;
        }
</style >
```

运行效果如图 4-31 所示。

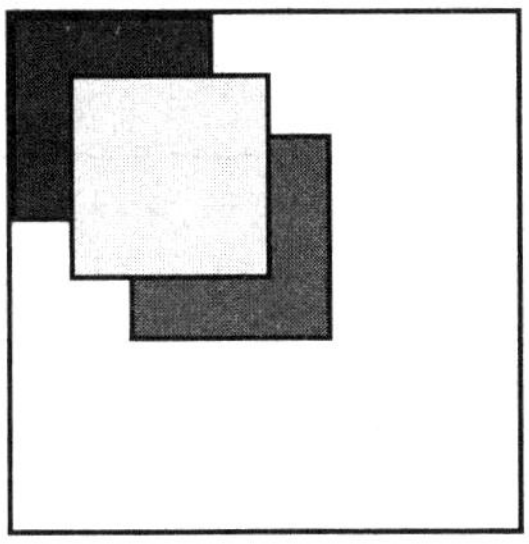

图 4-31　运行效果

4.6 创建景区图片展示网页

4.6.1 框架分析

微课：景区图片案例 HTML

下面将介绍如何制作贵州南江大峡谷景区展示页面（局部）。网页效果如图 4-32 所示。整个页面结构从左到右包括 5 张图片，每张图片下面有相应文字说明。对于这种重复的项目，HTML 有很多种布局方法。本书采用无序列表，包括 5 个列表项，每个列表项里包括图片和段落，并且当鼠标移动到每个列表项上时，添加 1 像素的红色实线边框。

“贵州南江大峡谷景区展示网页”的框架嵌套顺序如图 4-33 和图 4-34 所示。

4.6.2 框架对应 HTML 代码

贵州南江大峡谷景区页面框架嵌套的步骤：

步骤一：大框对应 HTML 代码如图 4-35 所示。

图 4-32　贵州南江大峡谷景区展示页面（局部）

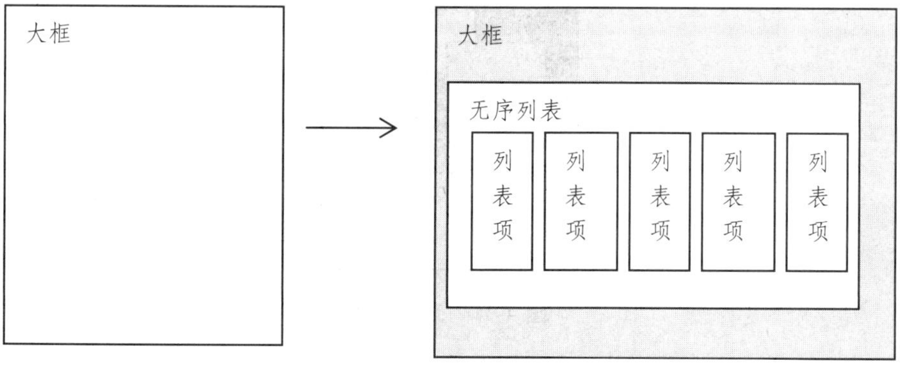

图 4-33　框架嵌套步骤一至步骤二

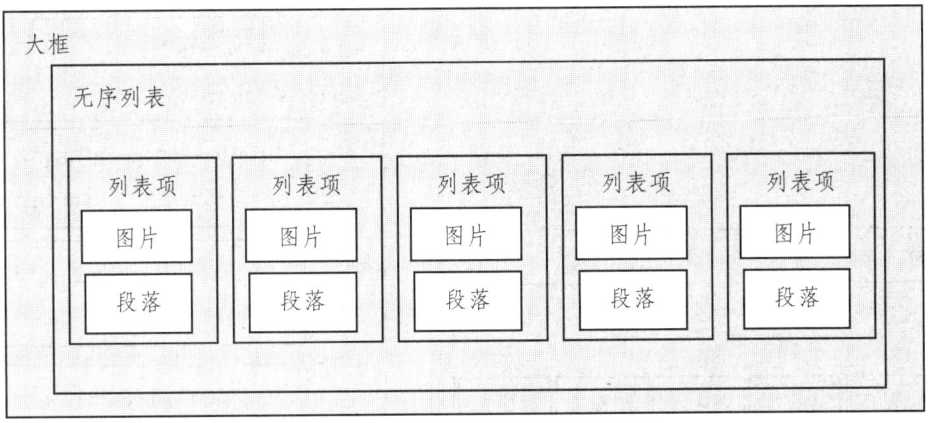

图 4-34　框架嵌套步骤三

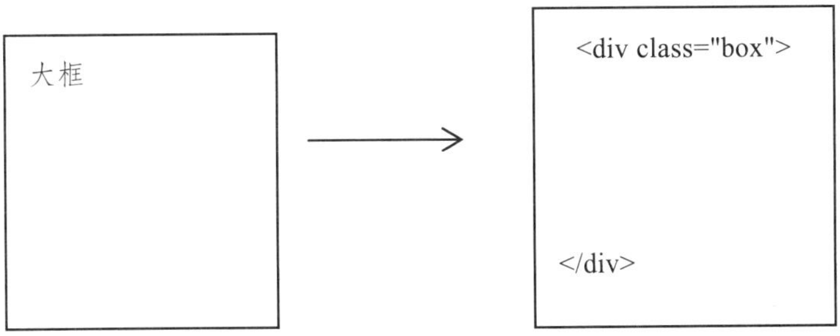

图 4-35　框架嵌套步骤一对应 HTML 代码

步骤二：加入无序列表后对应 HTML 代码如图 4-36 所示。

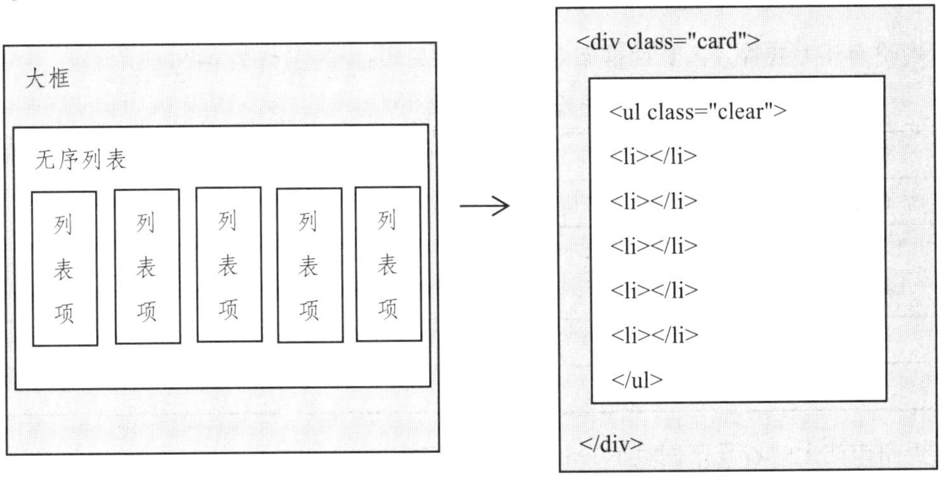

图 4-36　框架嵌套步骤二对应 HTML 代码

步骤三：加入图片、段落后对应 HTML 代码如图 4-37 所示。

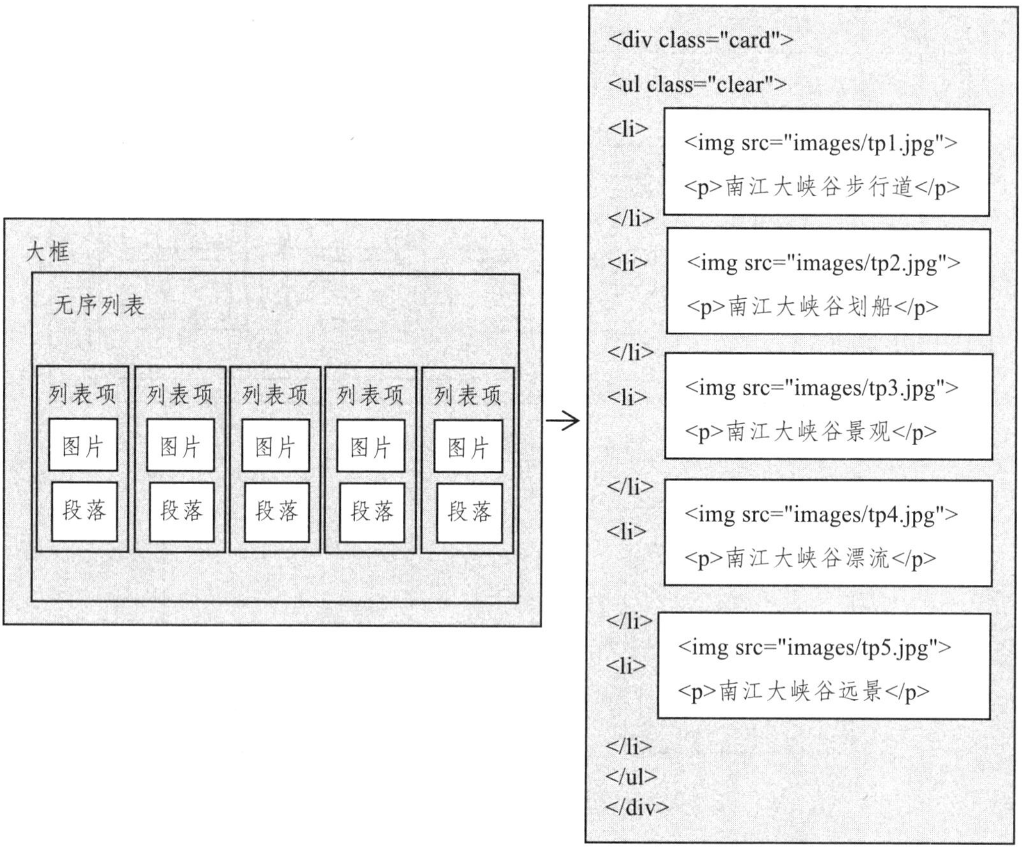

图 4-37　框架嵌套步骤三对应 HTML 代码

贵州南江大峡谷景区页面框架对应的标签及 class 类名如表 4-20 所示。

表 4-20　页面框架对应的标签及 class 类名

框名称	对应的标签名及 class 类名
外面最大框	<div class="box">
无序列表	<ul class="clear">
列表项	<li>
图片	<img>
段落	<p>

贵州南江大峡谷景区网页 HTML 代码如下：

```
<!DOCTYPE html>
<html>

    <head>
        <meta charset="UTF-8">
        <title></title>
```

```
    <!--引用 style.css 样式 -->
        <link rel="stylesheet" type="text/css" href="css/index.css">
    </head>

    <body>
        <div class="box">
            <ul class="clear">
                <li>
                    <img src="images/tp1.jpg">
                    <p>南江大峡谷步行道</p>
                </li>
                <li>
                    <img src="images/tp2.jpg">
                    <p>南江大峡谷划船</p>
                </li>
                <li>
                    <img src="images/tp3.jpg">
                    <p>南江大峡谷景观</p>
                </li>
                <li>
                    <img src="images/tp4.jpg">
                    <p>南江大峡谷漂流</p>
                </li>
                <li>
                    <img src="images/tp5.jpg">
                    <p>南江大峡谷远景</p>
                </li>
            </ul>
        </div>
    </body>

</html>
```

4.6.3 框架对应 CSS 样式分析

贵州南江大峡谷景区页面框架嵌套的步骤：

微课：景区图片案例 CSS

步骤一：大框对应的 CSS 代码如图 4-38 所示。

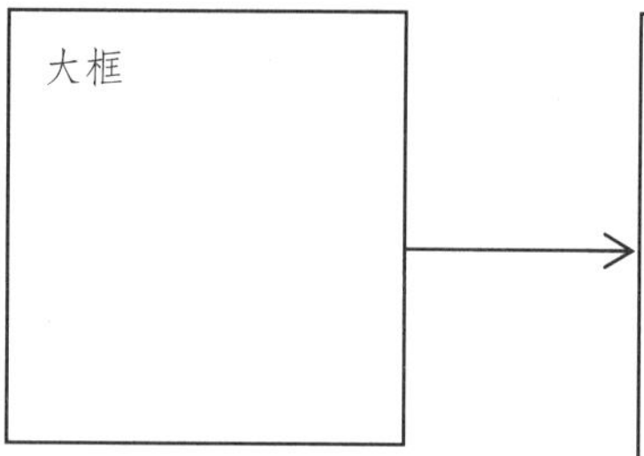


```
/*.box 设置宽度和左右居中*/
.box {
        width: 1320px;
        margin:0 auto;
}
```

图 4-38　框架嵌套步骤一对应的 CSS 代码

步骤二：加入无序列表后对应的 CSS 代码如图 4-39 所示。

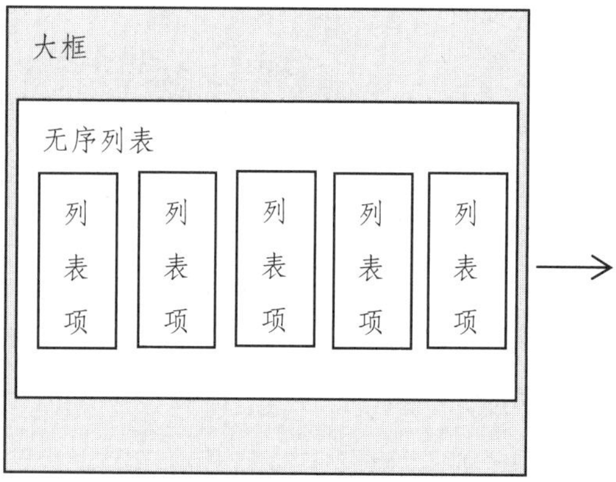


```
/* ul 内边距为 10px */
  ul{
    padding:10px;
}
/*  清理左右浮动  */
.clear:after{
        content: "";
        display:block;
          clear:both;
}
/*  设置 li 左浮动、宽度、外边距、边框  */
 li{
        float :left;
        width: 230px;
        margin:0 22px 22px 0;
        border:1px solid #eee;
}
/*  当鼠标移动到每个列表项上时，添加 1 像素的红色实线  */
 li:hover{
        border:1px solid red;
}
```

图 4-39　框架嵌套步骤二对应的 CSS 代码

步骤三：加入图片、段落后对应的 CSS 代码如图 4-40 所示。

贵州南江大峡谷景区网页对应的 CSS 样式如表 4-21 所示。

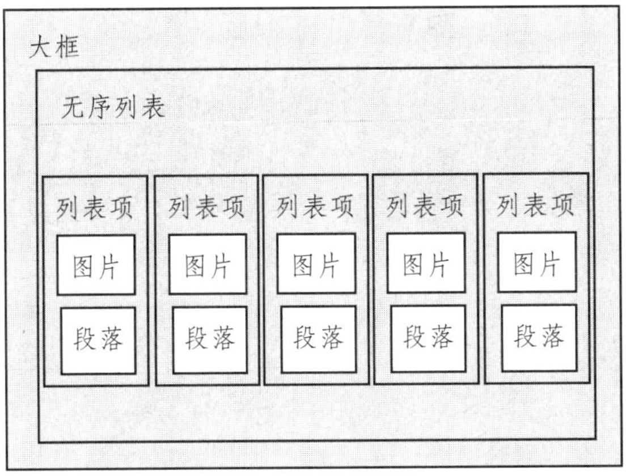


```
/* 设置 img 为块级元素，并设置外边距 */
 img{
        display:block   ;
         margin:20px auto ;
}
/* 设置 p 元素外边距、文本水平居中*/

 p{
      margin:15px;
      text-align: center;
}
```

图 4-40　框架嵌套步骤三对应的 CSS 代码

表 4-21　贵州南江大峡谷景区网页对应的 CSS 样式

序号	选择器	样式内容
样式初始化设置	* ul	清除所有标签默认的外边距和内边距，清除 li 默认样式
1	.box	最大框的宽度为 1320px，外边距上下为 0，左右居中对齐
2	ul	无序列表 ul 样式：内边距为 10px
3	.clear:after	给无序列表删除左右浮动，否则高度会塌陷。选择器为.clear: after 伪元素
4	li	每个列表项浮动朝左，宽度为 230px，外边距上右下左分别为 0、22px、22px、0，边框线 1 个像素实线，颜色为#eee
5	li:hover	当鼠标移动到每个列表项上时，会添加 1 像素的红色实线边框
6	img	图片设置为块级元素，外边距上下各 20px，水平居中对齐
7	p	段落 p 外边距为 15px，水平居中对齐

4.6.4　CSS 代码

贵州南江大峡谷景区网页对应的 CSS 样式代码如下：

```
/*清除所有标签默认的外边距和内边距*/
*{
    margin: 0;
    padding:0;
}
/*  清理默认 li 样式  */
  ul{
    list-style:none ;
}
/*   .box 设置宽度和左右居中*/
```

```
.box {
      width: 1320px;
      margin:0 auto;
}
/* ul 内边距为 10px */
   ul{
padding:10px;
}
/* 清理左右浮动 */
.clear:after{
      content: "";
      display:block;
       clear:both;
}

/* 设置 li 左浮动、宽度、外边距、边框线*/
 li{
      float :left;
      width: 230px;
      margin:0 22px 22px 0;
      border:1px solid #eee;
}
/* 当鼠标移动到每个列表项上时，添加 1 像素的红色实线 */
 li:hover{
      border:1px solid red;
}
/* 设置 img 为块级元素，并设置外边距 */
 img{
        display:block ;
margin:20px auto ;
}
/* 设置 p 元素外边距，文本水平居中*/
 p{
      margin:15px;
      text-align: center;
}
```

【本章小结】

本章介绍了无序列表和盒子模型的内容以及边框、内外边距、浮动属性、定位属性的样式设置。在网页中重复的内容，一般都采用无序列表，使用 CSS 样式去掉小圆点项目符号。设置列表项向左浮动，实现了列表项在同一行显示。最后综合运用这些标签和 CSS 样式，完成景区图片展示效果的制作。

【习题】

1. 写出 CSS 样式中去掉无序列表前面的小圆点项目符号的样式属性。
2. 画出 CSS 中的盒子模型。
3. 写出边框、内边距、外边距的属性设置。
4. 简述相对定位、绝对定位、固定定位的区别。
5. 用 HTML+CSS 制作自己家乡最美风景图片展示（使用 5 张图片）。

第 5 章　HTML+CSS 创建注册页面

表格是 HTML 网页中的重要元素，如通信录、学生信息表、课程表等的制作，都需要使用表格。表单用于收集用户输入，如注册、登录、搜索，都需要使用表单。CSS3 中新增了 flex 弹性布局，这是一种简洁、快速的布局。本章主要学习表格、表单和表单控件、弹性布局的属性设置。

【学习目标】

（1）掌握表格标签的使用；
（2）掌握表单标签，以及 input、select、textarea 表单控件的使用；
（3）掌握弹性布局的容器属性 flex-direction、justify-content 的设置；
（4）掌握弹性布局项目的 flex 属性的设置。

5.1　HTML 的表格

5.1.1　创建表格

每个表格有若干行，每行包括若干单元格。表格最外面用<table>标签定义，行用<tr>标签定义，行里面的单元格用<td>标签定义。

课件：HTML+CSS 创建注册页面　　　　微课：HTML 表格

【示例 5-1】2 行 2 列的表格。

HTML 代码如下：

```
<table>
<tr>
    <td></td>
    <td></td>
</tr>
```

```
<tr>
    <td></td>
    <td></td>
</tr>
</table>
```

当单元格是表头时，一般用<th>标签定义。当表格分成头部、主体、底部时，可以用<thead>、<tbody>、<tfoot>标签构建表格。

表格标签<table>常用属性如表 5-1 所示。

表 5-1　表格标签<table>常用属性

属性	含义
border	设置表格的边框线宽度
width	设置表格的宽
height	设置表格的高
cellpadding	设置内边距
cellspacing	设置外边距

【示例 5-2】创建表格。

HTML 代码如下：

```
<table border="1">
        <tr>
            <td>语文</td>
            <td>数学</td>
        </tr>
        <tr>
            <td>80</td>
            <td>90</td>
        </tr>
</table>
```

运行效果如图 5-1 所示。

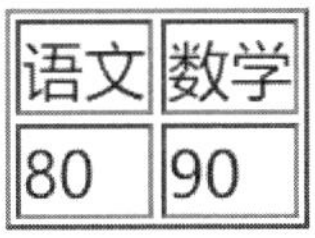

图 5-1　在浏览器中的运行效果

单元格<td>标签常用属性如表 5-2 所示。

表 5-2　单元格<td>标签常用属性

<td>标签常用属性	含义
align	设置水平对齐方式，取值为 left、center、right
valign	设置垂直对齐方式，取值为 top、middle、bottom
width	设置宽度
height	设置高度
colspan	设置单元格跨列
rowspan	设置单元格跨行

5.1.2　创建不规则表格

单元格<td>标签的 colspan 属性用于定义单元格跨列。rowspan 属性用于定义单元格跨行。用<td>标签的 colspan 和 rowspan 属性可以合并单元格，创建不规则表格。

【示例 5-3】创建不规则表格。

HTML 代码如下：

```
<body>
    <table width="90%" border="1">
        <tr>
            <td>A</td>
            <td colspan="2" ">B</td>
        </tr>
        <tr>
            <td rowspan="2" >C</td>
            <td>D</td>
            <td>E</td>
        </tr>
        <tr>
            <td>F</td>
            <td>G</td>
        </tr>
    </table>
</body>
```

运行效果如图 5-2 所示。

<table>
<tr><td>A</td><td colspan="2">B</td></tr>
<tr><td rowspan="2">C</td><td>D</td><td>E</td></tr>
<tr><td>F</td><td>G</td></tr>
</table>

图 5-2　在浏览器中的运行效果

5.2　HTML 的表单

5.2.1　表单概述

微课：HTML 表单

表单用于显示、收集、提交信息到服务器。在网页中，用户经常会进行注册、登录、搜索等，这些信息输入需要使用 HTML 表单完成。

用户信息的输入需要使用 HTML 表单控件元素，常用的表单控件元素包括文本框、文本域、单选框、下拉列表、按钮等，当用户输入完信息后，进行提交操作，表单可以将用户输入的数据传到服务器端，服务端程序就可以对表单传过来的数据进行处理。

表单结构包括两大部分，最外面是<form></form>，用来定义表单；里面是各种表单控件元素，大部分表单控件元素是<input>单标签，它是空标签，没有结束标签，只有开始标签。

【示例 5-4】简易登录界面。

部分 HTML 代码如下：

```
<form action="tj.php" method="post">
  用户名<input type="text"><br>
  密码<input type="password"><br>
  <input type="submit" value="登录"/>
  <input type= "reset" value="取消"/>
</form>
```

运行效果如图 5-3 所示。

图 5-3　运行效果

<form>标签最重要的属性为 action 和 method。其含义和属性值如表 5-3 所示。

表 5-3　<form>标签最重要的属性为 action 和 method

form 属性	含义	取值
action	表单提交的地址	URL 地址
method	表单提交的方法	post 或者 get

5.2.2　input 表单控件元素

input 表单控件元素用于收集用户信息，该元素是一个单标签。

格式为：

```
<input >
```

通过 type 的属性值来划分以下 10 种表单控件元素，如表 5-4 所示。

表 5-4　input 表单控件元素

input 表单 type 的属性值	类型	含义
<input type="text"/>	单选文本框	可以输入一行文本，可通过 size 和 maxlength 定义显示的宽度和输入最大字符数
<input type="password"/>	密码输入框	输入的字符会以…显示
<input type="radio"/>	单选按钮	相同 name 属性的单选按钮是一组，一组只能选一个，默认选中用 checked="checked"
<input type="checkbox"/>	多选按钮	相同 name 属性的单选按钮是一组，一组可以多选，默认选中用 checked="checked"
<input type="submit"/>	提交按钮	单击后将表单数据发送到服务器
<input type="reset"/>	重置按钮	单击后将清除表单中所有数据
<input type="button"/>	按钮	定义按钮，多用于执行 JavaScript 脚本
<input type="image"/>	图片形式提交按钮	功能同提交按钮一样
<input type="file"/>	选择文件控件	用于文件上传
<input type="hidden"/>	隐藏的输入区域	用于定义隐藏的参数

input 元素还有两个重要属性：一个是 name，另一个是 value。表单提交时，服务器分别从这两个属性获取对应的参数。

【示例 5-5】简易注册账号。

HTML 代码如下：

```
<h1>注册账号</h1>
<form action="tj.php" method="post">
  用户名<input type="text" name="username" /><br>
```

```
    密码<input type="password" name="pwd" /><br>
    确认密码<input type="password" name="re_pwd"/><br>
    <input type="submit"   value="注册"/>
    <input type="reset"     value="取消"/>
</form>
```

运行效果如图 5-4 所示。

图 5-4　运行效果

5.2.3　列表选项框

微课：列表选项框与多行文本域

列表选项框用于从一组选项中选择一项，列表选项框分为下拉列表框和滚动列表框。下拉列表框又称为下拉框，只显示第一行的选项数据，其他选项需要下拉显示。滚动列表框又称为列表框，显示固定行数的数据，其他不能显示的数据需要使用滚动条来查看。

列表选项框结构包括两部分，最外面是<select></select>标签定义列表，里面是多个<option></option>标签定义列表项。

<select>标签中 size 属性：设置下拉列表中当前可见行数。size 属性默认值是 1，即默认是下拉列表，如果 size 属性值大于 1，就是滚动列表。<select>标签中 multiple 属性：表明是滚动列表，可同时选择多个选项。

<select>标签常用属性是 name，<option>标签常用属性是 value。

【示例 5-6】下拉列表。

部分 HTML 代码如下：

```
<h1>选择班级</h1>
<form action="tj.php" method="post">
您的班级：
<select name="bj" >
            <option value="chu1">初一</option>
            <option value="chu2">初二</option>
            <option value="chu3">初三</option>
```

```
                    <option value="chu4">高一</option>
                    <option value="chu5">高二</option>
                    <option value="chu6">高三</option>

</select>
<input type="submit" name=""/>
</form>
```

运行效果如图 5-5 所示。

图 5-5　运行效果

【示例 5-7】滚动列表。

部分 HTML 代码如下:

```
<h1>选择班级</h1>
<form action="tj.php" method="post" >
您的班级:
<select name="bj" multiple="multiple" >
                    <option value="chu1">初一</option>
                    <option value="chu2">初二</option>
                    <option value="chu3">初三</option>
                    <option value="chu4">高一</option>
                    <option value="chu5">高二</option>
                    <option value="chu6">高三</option>

</select>
<input type="submit" name=""/>
</form>
```

运行效果如图 5-6 所示。

图 5-6　运行效果

5.2.4 多行文本域

多行文本域<textarea> 元素，是多行文本输入框。

格式如下：

```
<textarea>文本</textarea>
```

主要属性：

name：名称；

cols：指定文本框的列数；

rows：指定文本框的行数；

readonly：只读。

【示例 5-8】个人意见调查。

HTML 代码如下：

```
<h1>个人意见调查</h1>
<form action="tj.php" method="post" >
个人意见:<br>
<textarea  rows="10" cols="50"></textarea>
<br />
<input type="submit" name=""/>
</form>
```

运行效果如图 5-7 所示。

图 5-7 运行效果

5.3 CSS3 新增的 flex 弹性布局

微课：弹性布局

flex（flexible box）弹性布局盒模型，是 2009 年 W3C 提出的一种简洁、快速弹性布局的属性。

（1）容器：采用 flex 布局的元素，称为 flex 容器（flex container），简称“容器”。

（2）项目：容器中的所有子元素自动成为容器成员，称为 flex 项目（flex item），简称“项目”。

（3）两根轴：容器默认存在主轴和交叉轴。交叉轴与主轴是垂直关系，如果主轴是水平方向，那么交叉轴是垂直方向，如果主轴是垂直方向，那么交叉轴是水平方向。

5.3.1 容器属性

微课：容器属性

1. 弹性元素排列方式 flex-direction

它决定主轴的方向，即项目的排列方向，项目永远沿主轴排列。

（1）flex-direction:row。

row 为默认值，弹性元素排列方式为 row 时，即主轴的方向为水平方向，项目沿水平方向排列，如图 5-8 所示。

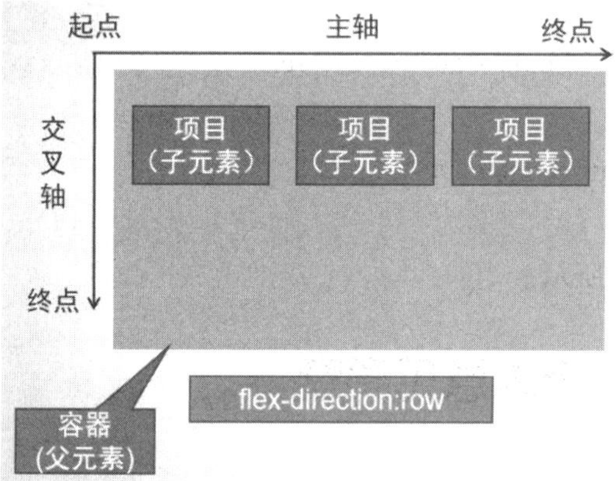

图 5-8　弹性元素排列方式为 row

【示例 5-9】有 3 个兄弟级的 div 标签，用 flex 布局为横向排列。

HTML 和 CSS 代码如下：

```
<!DOCTYPE html>
<html>
    <head>
        <meta charset="UTF-8">
        <title></title>
        <style type="text/css">
          #box{display: flex;flex-direction: row; width:400px; background: gray;}
        .nr1,.nr2,.nr3{width:100px;height: 100px;margin:10px;background:#FFC0CB;}
        </style>
```

```
    </head>
    <body>
        <div id="box">
            <div class="nr1"></div>
            <div class="nr2"></div>
            <div class="nr3"></div>
        </div>
    </body>
</html>
```

运行效果如图 5-9 所示。

（2）flex-direction:column。

弹性元素排列方式为 column 时，即主轴的方向为垂直方向，项目沿垂直方向排列，如图 5-10 所示。

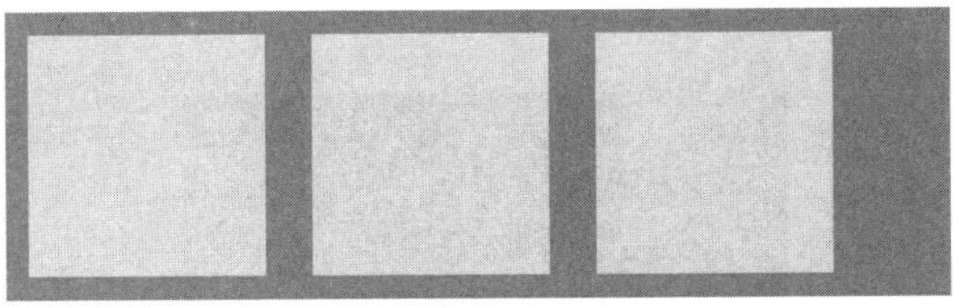

图 5-9　运行效果

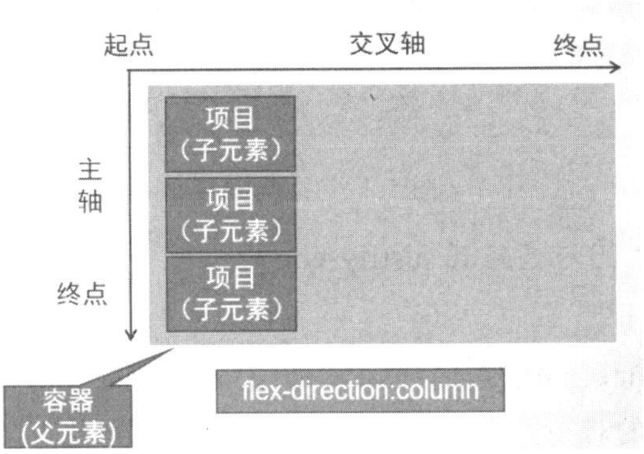

图 5-10　弹性元素排列方式为 column

【示例 5-10】有 3 个兄弟级的 div 标签，用 flex 布局为纵向排列。

HTML 和 CSS 代码如下：

```
<!DOCTYPE html>
<html>
    <head>
        <meta charset="UTF-8">
        <title></title>
```

```
        <style type="text/css">
         #box{display:flex;flex-direction:column; width:400px; background: gray;}
         .nr1,.nr2,.nr3{width:100px;height: 100px;margin:10px;background:#FFC0CB;}
        </style>
    </head>
    <body>
        <div id="box">
            <div class="nr1"></div>
            <div class="nr2"></div>
            <div class="nr3"></div>
        </div>
    </body>
</html>
```

运行效果如图 5-11 所示。

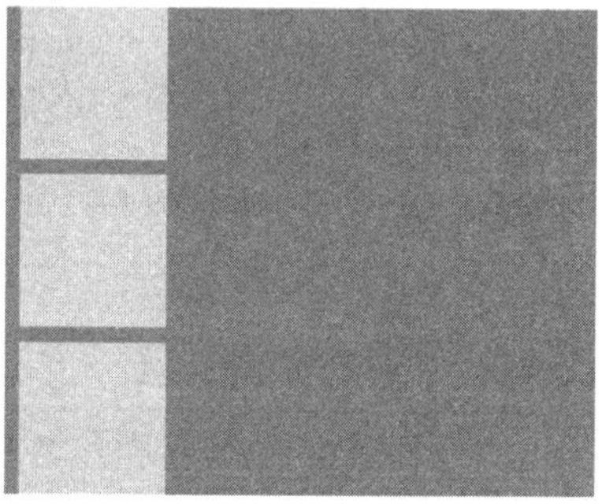

图 5-11　运行效果

2. 项目在主轴上的对齐方式 justify-content

格式：

justify-content：flex-start(默认) | flex-end | center | space-between | space-around

设置项目在主轴的对齐方式，默认 flex-start 为主轴开始方向对齐，center 为居中，flex-end 为主轴结束方向对齐。space-between：两端对齐，项目之间的间隔都相等。space-around：每个项目两侧的间隔相等，项目之间的间隔比项目与边框的间隔大一倍。

【示例 5-11】主轴上 space-between 对齐。

HTML 和 CSS 代码如下：

```
<!DOCTYPE html>
<html>
    <head>
        <meta charset="UTF-8">
```

```
        <title></title>
        <style type="text/css">
          #box{display: flex;flex-direction: row;
              justify-content:space-between; width:400px; background: gray;}
          .nr1,.nr2,.nr3{width:100px;height: 100px;margin:10px;
background:#FFC0CB;}
        </style>
    </head>
    <body>
        <div id="box">
            <div class="nr1"></div>
            <div class="nr2"></div>
            <div class="nr3"></div>
        </div>
    </body>
</html>
```

运行效果如图 5-12 所示。

图 5-12　运行效果

3. 项目在交叉轴上的对齐方式 align-items

格式：

align-items：flex-start | flex-end | center | baseline | stretch(默认)

设置项目在交叉轴的对齐方式，flex-start 为交叉轴的开始方向对齐，center 为居中，flex-end 为交叉轴的结束方向对齐。Baseline：项目的第一行文字的基线对齐。stretch（默认值）：如果项目未设置高度或设为 auto，将占满整个容器的高度。

【示例 5-12】交叉轴上 flex-end 对齐。

HTML 和 CSS 代码如下：

```
<!DOCTYPE html>
<html>
    <head>
        <meta charset="UTF-8">
```

```
        <title></title>
    <style type="text/css">
            #box{display:flex;flex-direction:row; height: 300px;
                align-items: flex-end; width:400px; background: gray;}
                .nr1,.nr2,.nr3{width:100px;height: 100px;margin:10px;
background:#FFC0CB;}
        </style>
    </head>
    <body>
        <div id="box">
            <div class="nr1"></div>
            <div class="nr2"></div>
            <div class="nr3"></div>
        </div>
    </body>
</html>
```

运行效果如图 5-13 所示。

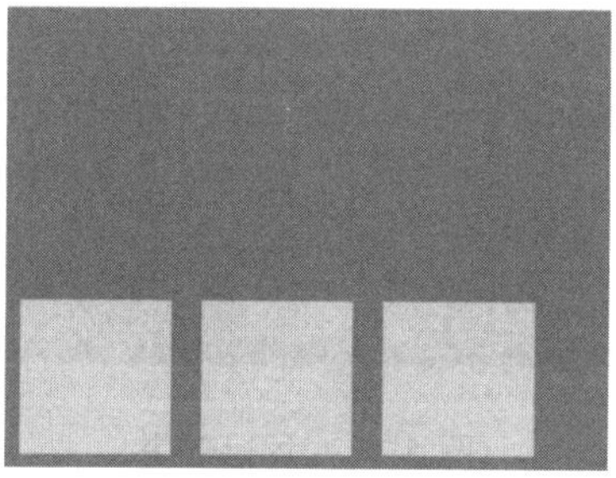

图 5-13　运行效果

5.3.2　项目属性

微课：项目属性

1. flex-grow 项目放大比例

当容器宽度>元素总宽度时，使用 flex-grow 设置项目在有剩余空间的情况下是否放大。

（1）默认为 0，即使存在剩余空间，也不放大；

（2）如果所有项目的 flex-grow 为 1：平分剩余空间（自动放大占位）；

（3）flex-grow 为 n：占据的空间（放大的比例）是 flex-grow 为 1 的 n 倍。

【示例 5-13】弹性容器宽度 200px，里面有 2 个项目，宽度分别为 50px、100px。宽度为 50px 的项目 flex-grow：2;宽度为 100px 项目的 flex-grow：3。

计算各项目扩大后实际宽度，如图 5-14 所示。

（1）剩余空间为 200−50−100=50。

（2）每份扩大值为：50px / (3+2) = 10px。

（3）最后各项目实际宽度：

项目 1：50+2×10=70

项目 2：100+3×10=130

2. flex-shrink 项目缩小比例

当容器宽度<元素总宽度时，使用 flex-shrink 设置项目在空间不足时是否缩小。

（1）默认 1，即空间不足时项目一起等比缩小；

（2）flex-shrink 为 0：空间不足时，该项目不会缩小。

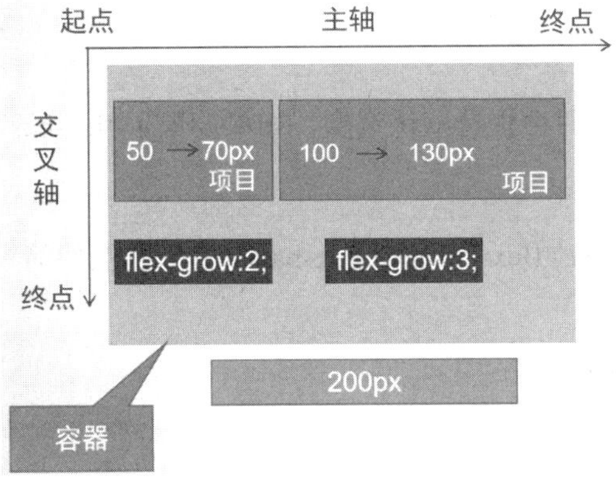

图 5-14　项目扩大 flex-grow 示例

【示例 5-14】弹性容器宽度是 200px，里面有三个项目，宽度分别是 50px、100px、120px，此时容器宽度是明显不够分配的。如果各项目对应缩小比例为 1、2、3。

计算各项目的缩小后实际宽度，如图 5-15 所示。

（1）超出来的宽度：

（50+100+120）−200=70

（2）总权重：项目 1 尺寸×收缩比率+项目 2 尺寸×收缩比率+项目 3 尺寸×收缩比率。

50×1+100×2+120×3=610

（3）收缩空间：元素尺寸×收缩比率×多出来的尺寸/总权重。

项目 1：50×1×70/610=5.7

项目 2：100×2×70/610=22.9

项目 3：120×3×70/610=41.3

（4）最后各项目实际宽度：

项目 1：50−5.7=44.3

项目 2：100−22.9=77.1

项目 3：120−41.3=78.7

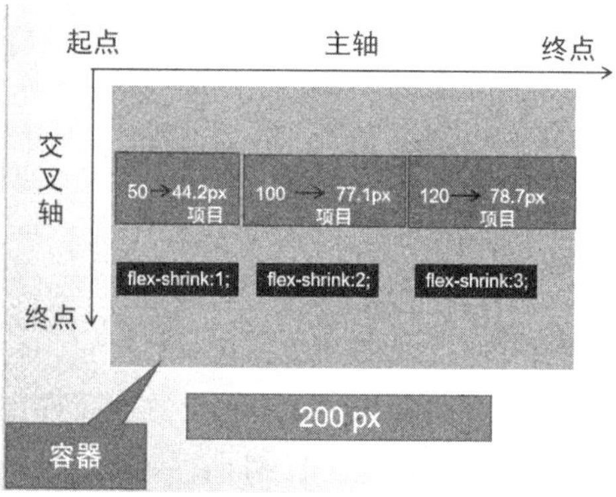

图 5-15　项目缩小 flex-shrink 示例

3. flex-basis

设置项目宽度。

取值默认为 auto，项目会保持默认宽度。如果设置了 flex-basis，会覆盖 width 属性。

4. flex 简写

flex 属性是 flex-grow、flex-shrink、flex-basis 三个属性的简写，用于定义项目放大、缩小与宽度。

flex: 1 = flex: 1 1 0%

flex: 2 = flex: 2 1 0%

flex: auto = flex: 1 1 auto;

flex: none = flex: 0 0 auto;

5.3.3　flex 实现圣杯布局

微课：flex 实现圣杯布局

圣杯布局如图 5-16 所示，是一种最常见的网站布局，分成三个部分：头部（header）、躯干（body）、尾部（footer）。头部和尾部高度固定，躯干高度自适应，躯干水平分成三栏，从左到右为：导航、主栏、侧栏。导航和侧栏宽度固定，主栏宽度自适应。

图 5-16　运行效果

圣杯布局对应的框架如图 5-17 所示。

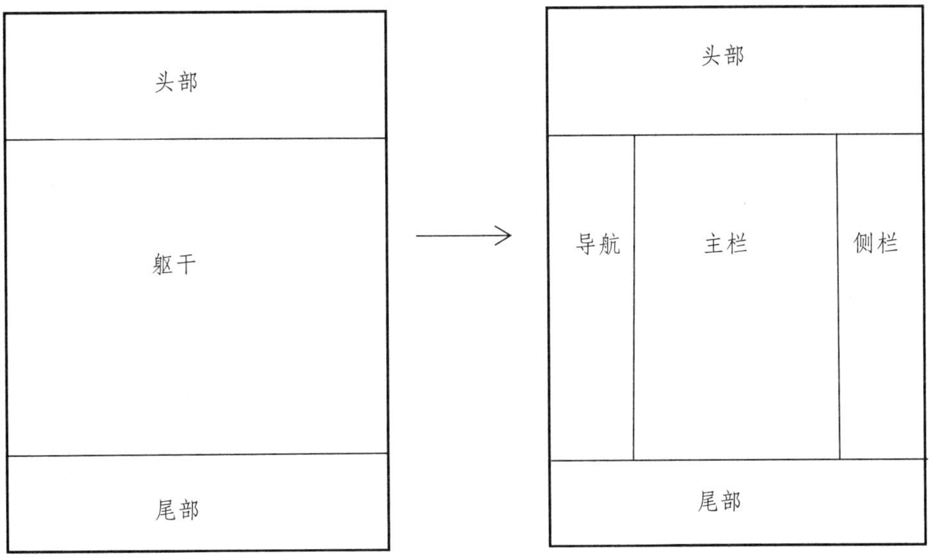

图 5-17　圣杯布局对应的框架

【示例 5-15】圣杯布局。

HTML 代码如下：

```
<!DOCTYPE html>
<html>

    <head>
        <meta charset="UTF-8">
        <title></title>
        <link rel="stylesheet" type="text/css" href="css/ys.css"/>
    </head>

    <body>
        <div class="box">
            <div class="header">头部</div>
            <div class="body">
                <div class="left">导航</div>
                <div class="content">主栏</div>
                <div class="right">侧栏</div>
            </div>
            <div class="footer">尾部</div>
        </div>
```

```
    </body>
</html>
```

CSS 代码分析如表 5-5 所示。

表 5-5　CSS 代码分析

选择器	样式
.box	设置为弹性布局，类名为 header、footer 和 body 的元素纵向排列，设置 box 高度、上下外边距、字大小、文本居中对齐
.body	类名为.body 的高度会自动等比伸缩； 设置类名.body 为弹性布局容器
.header,.footer	.header 和.footer 不会被放大缩小，高度固定为 100px，并设置背景色
.content	宽度会自动等比伸缩
.left,.right	.left 和.right 宽度不会放大缩小，宽度固定为 100px，并设置背景色

CSS 代码如下：

```
/*定义弹性布局*/
.box {
    display: flex;flex-direction: column;
    height: 100vh;margin: 0 auto;font-size: 22px;text-align: center;
}
/*.body 高度会自动等比伸缩。同时设置为弹性布局*/
.body {
    flex: 1;display: flex;}
/*header 和 footer 高度度固定为 100px，并设置背景色*/
.header,.footer {
    height: 100px;background: yellowgreen;

}
/*.contenet 的宽度会自动等比伸缩*/
.content {
    flex: 1;
}
/*.left 和.right 不会被放大缩小，宽度固定为 100px，并设置背景色*/
.left,.right {
    width:100px;background: gold;
}
```

5.4 创建注册页面

5.4.1 框架分析

微课：创建注册页面的HTML

“注册页面”如图 5-18 所示。该页面结构包括标题和表单，表单里面有 5 行内容，布局这 5 行内容的方法有多种。本书采用无序列表，包含 5 个列表项，前 4 个列表项里都有标签和输入框，最后 1 个列表项里只有按钮。

图 5-18　注册页面

“注册页面”框架嵌套顺序如图 5-19 和图 5-20 所示。

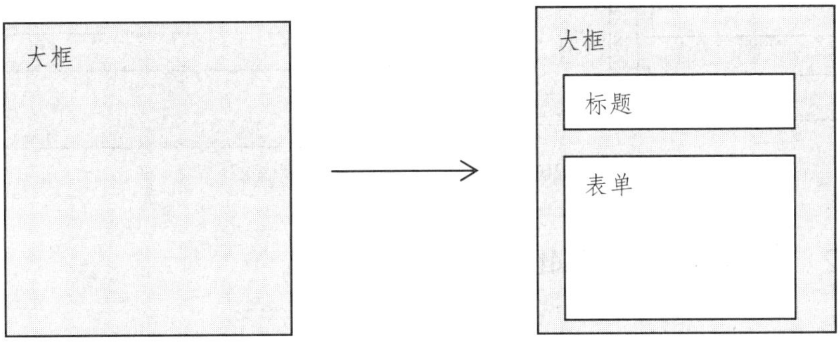

图 5-19　框架嵌套步骤一至步骤二

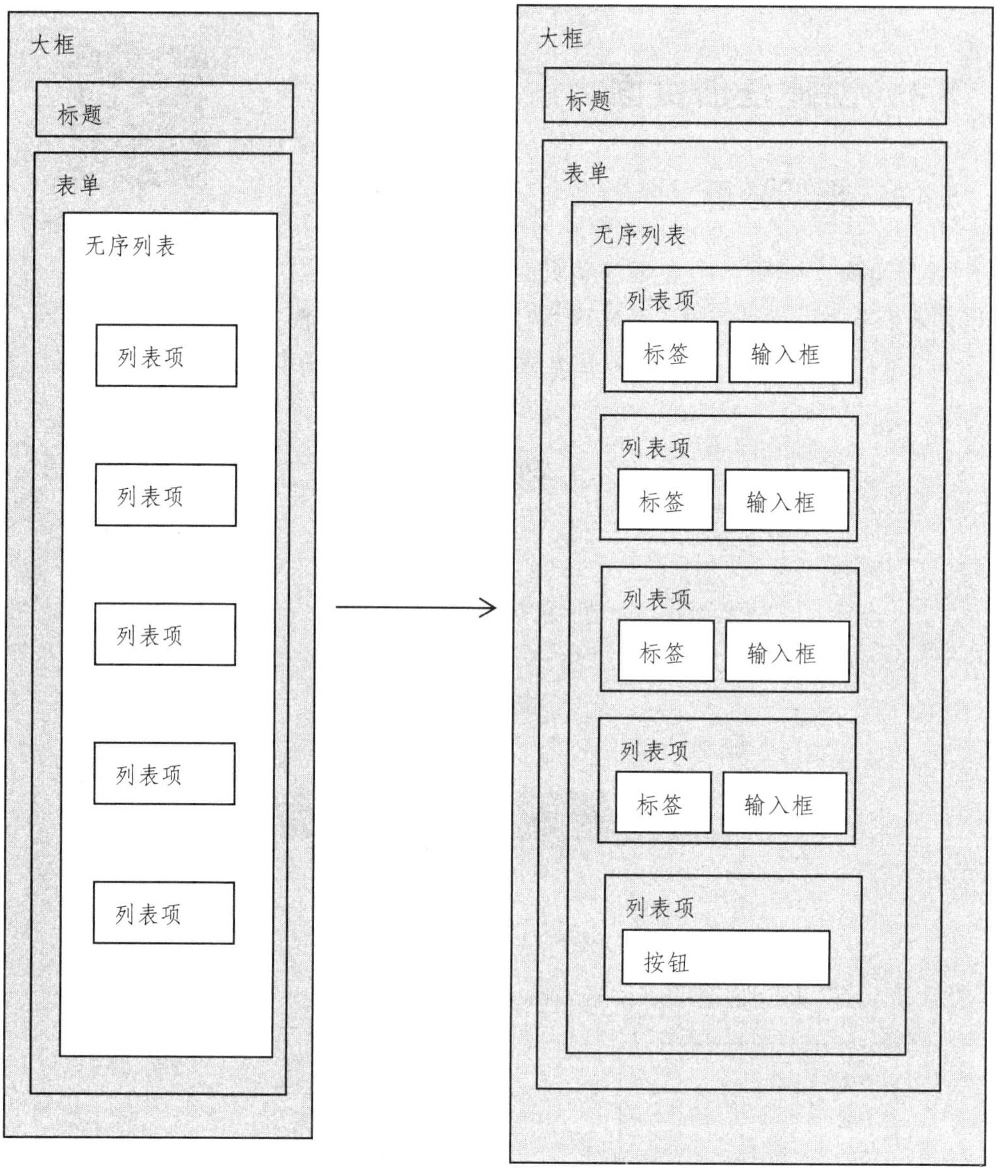

图 5-20　框架嵌套步骤三至步骤四

5.4.2　框架对应 HTML 代码

注册页面框架嵌套的步骤：

步骤一：大框对应 HTML 代码如图 5-21 所示。

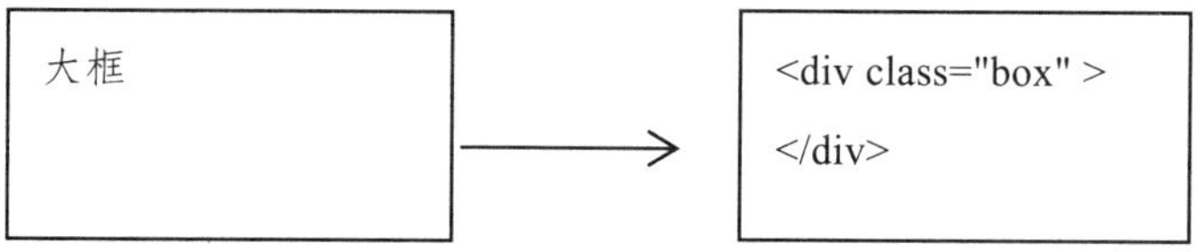

图 5-21　框架嵌套步骤一对应 HTML 代码

步骤二：加入标题、表单后对应 HTML 代码如图 5-22 所示。

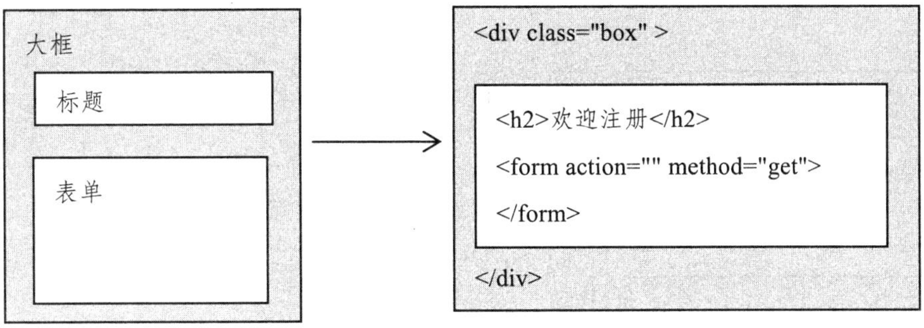

图 5-22　框架嵌套步骤二对应 HTML 代码

步骤三：加入无序列表后对应 HTML 代码如图 5-23 所示。

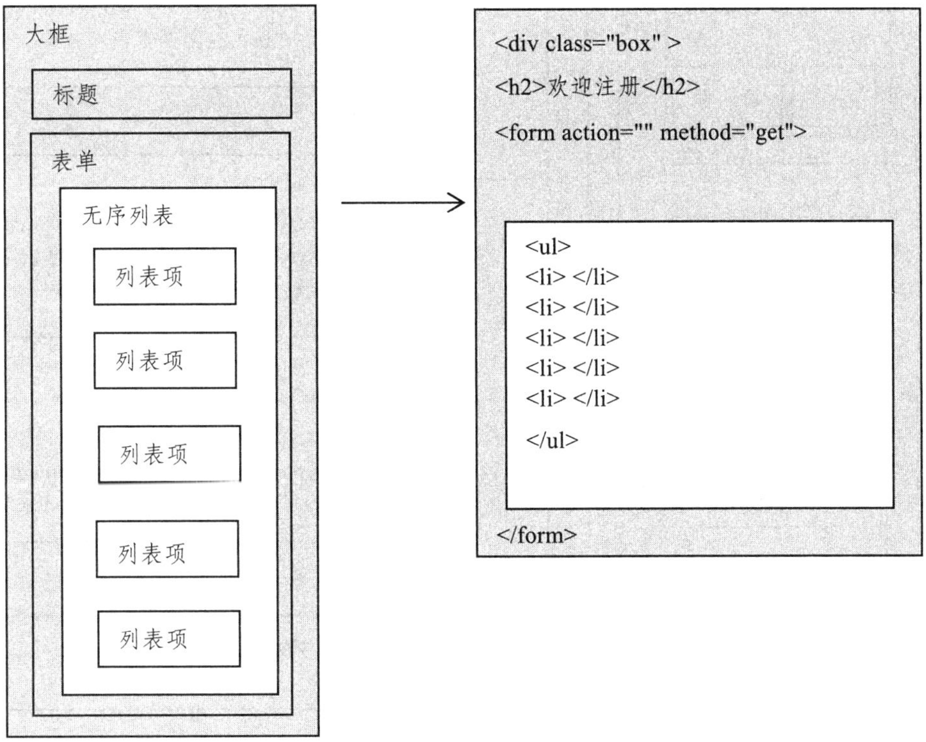

图 5-23　框架嵌套步骤三对应 HTML 代码

步骤四：加入标签、输入框、按钮后对应 HTML 代码如图 5-24 所示。

注册页面框架对应的标签及 class 类名如表 5-6 所示。

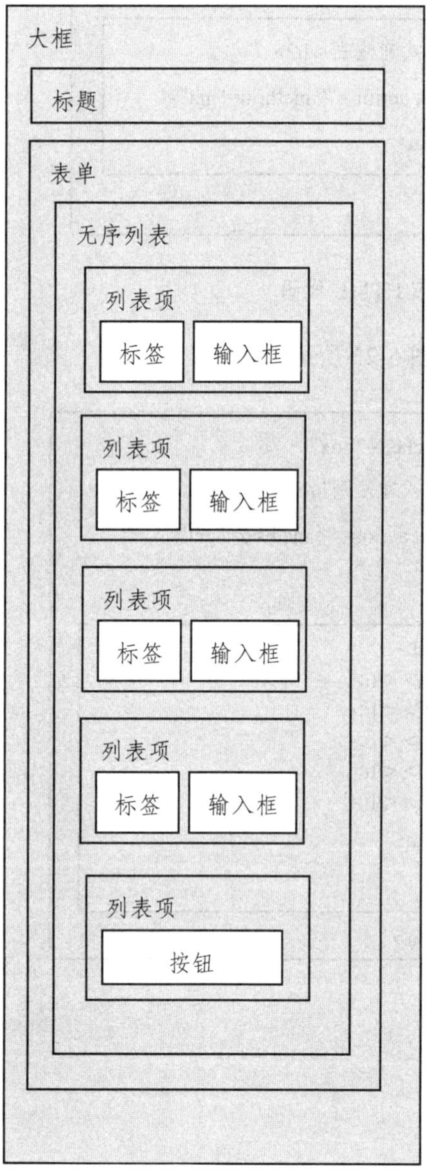


```
<div class="box" >
<h2>欢迎注册</h2>
<form action="" method="get">
<ul>
    <li>
<label>昵称</label>
<input type="text" name="username" placeholder="只能输入 6-20 个字母、数字、下划线" >
    </li>
    <li>
<label>手机号码</label>
<input type="text" name="phone" placeholder="输入正确的手机号码" >
    </li>
    <li>
<label>密码</label>
<input type="password" name="pwd" placeholder="由字母开头,包含字母、数字、下划线, 6-16 位">
    </li>
    <li>
<label>确认密码</label>
<input type="password" name="pwdok" placeholder="确认密码必须与密码一致" >
    </li>
    <li>
<button name="submit"> 立 即 注 册 </button>
    </li>
</ul>
</form>
</div>
```

图 5-24 框架嵌套步骤四对应 HTML 代码

表 5-6　注册页面框架对应的标签及 class 类名

框名称	对应的标签名及 class 类名
外面最大框	<div class="box">
标题	<h2>
表单	<form>
无序列表	<ul>
输入框前面的标签	<label>
输入框	<input>
按钮	<button>

注册页面 HTML 代码如下：

```
<!DOCTYPE html>
<html>
<head>
    <title></title>
    <meta charset="utf-8">
    <link rel="stylesheet" type="text/css" href="css/style.css">
</head>
<body>
    <div class="box" >
        <h2>欢迎注册</h2>
        <form action="" method="get">
            <ul>
                <li>
                    <label>昵称</label>
                    <input type="text" name="username" placeholder="只能输入
6-20 个字母、数字、下划线" >
                </li>
                <li>
                    <label>手机号码</label>
                    <input type="text" name="phone" placeholder="输入正确的
手机号码" >
                </li>
                <li>
                    <label>密码</label>
                    <input type="password" name="pwd" placeholder="由字母开
```

```
头,包含字母、数字、下划线,6-16 位">
                </li>
                <li>
                    <label>确认密码</label>
                    <input type="password" name="pwdok" placeholder="确认密
码必须与密码一致" >
                </li>
            </ul>
            <button name="submit">立即注册</button>
        </form>
    </div>

</body>

</html>
```

5.4.3 框架对应 CSS 样式分析

微课：注册页面的 CSS

注册页面框架嵌套的步骤：

步骤一：大框对应的 CSS 样式分析如图 5-25 所示。

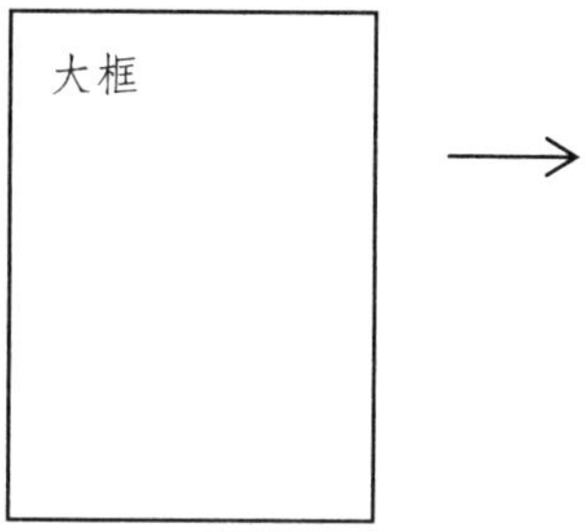


```
/*设置大框的宽、外边距、内边距、边框线、边框阴影，盒
子宽度包括边框、内边距、内容宽度*/
.box{
    width: 500px;
    margin:30px auto;
    padding:30px 40px;
    border:1px solid #ddd;
    box-shadow: 0 0 10px #bbb;
    box-sizing: border-box;
}
```

图 5-25　框架嵌套步骤一对应的 CSS 样式

步骤二：加入标题、表单后对应的 CSS 样式分析如图 5-26 所示。

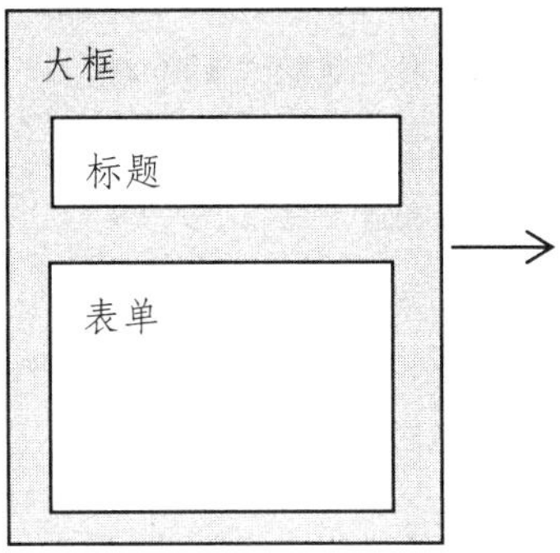


```
/*设置标题水平居中、文字颜色、字大小、行高*/
h2{
    text-align: center;
    color:#666;
    font-size: 22px;
    line-height: 40px;
}
/*设置表单内边距*/
 form{
    padding:15px 0;
```

图 5-26　框架嵌套步骤二对应的 CSS 样式

步骤三：加入无序列表后对应的 CSS 样式分析如图 5-27 所示。

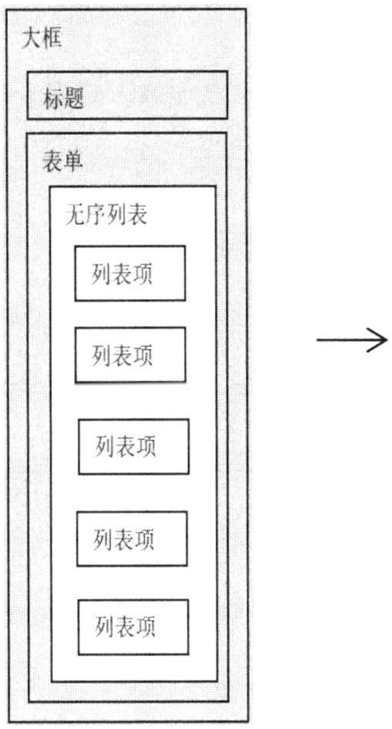


```
/*设置每个列表项为弹性容器，并设置高度、行高、
底部外边距*/
 li{
    display: flex;
    height: 40px;
    line-height: 40px;
    margin-bottom: 15px;
}
```

图 5-27　框架嵌套步骤三对应的 CSS 样式

步骤四：加入标签、输入框、按钮后的 CSS 样式分析如图 5-28 所示。

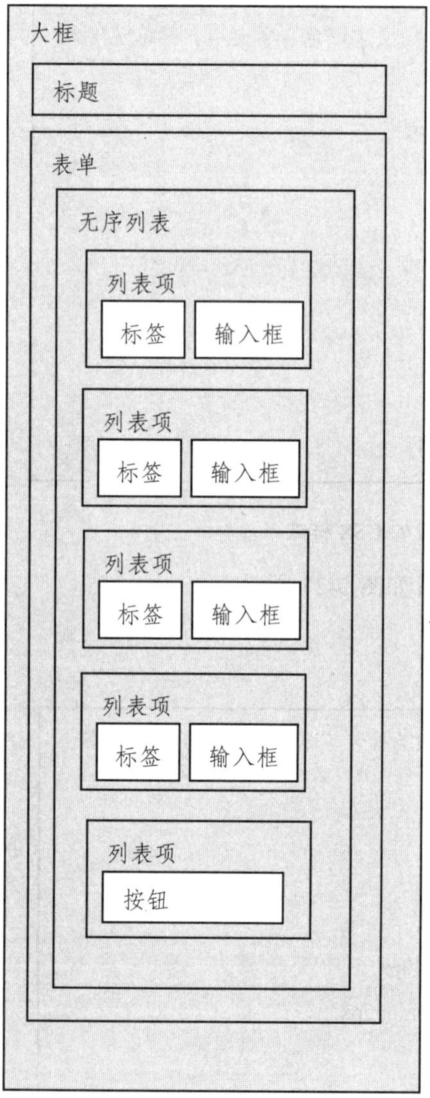


```
/*设置 label 为块级元素、宽度为 120px*/
label{
      display: block;
      width: 120px;
}
/*设置输入框边框线、高度、内边距、行高、
输入框自适应宽度*/
 input{
      border:1px solid #ddd;
      height: 38px;
      padding:0 10px;
      line-height: 38px;
      flex:1;
      box-sizing: border-box;
}
/*设置按钮宽度，清除按钮边框线，设置按钮
高度、背景颜色、文字颜色*/
 button{
      width: 100%;
      border:none;
      height: 40px;
      background-color: #4889FF;
```

图 5-28　框架嵌套步骤四对应的 CSS 样式

对应的样式如表 5-7 所示。

表 5-7　对应的样式

序号	选择器	样式内容
样式初始化设置	* ul	清除所有标签默认的外边距和内边距， 清除无序列表默认样式
1	.box	设置大框的宽高、内边距、边框线、边框阴影，盒子宽度包括边框、内边距、内容宽度
2	h2	设置标题水平居中、文字颜色、字大小、行高
3	form	设置表单内边距

续表

序号	选择器	样式内容
4	li	设置每个列表项为弹性容器 flex，并设置高度、行高、底部外边距
5	label	设置 label 为块级元素，宽度为 120px
6	input	设置输入框的边框线、高度、内边距、行高，并设置输入框的 flex 为 1，即各输入框自适应宽度，并设置 box-sizing:border-box，即输入框的宽度，包括边框、内外距和内容宽度
7	button	设置按钮宽度，清除按钮边框线，设置按钮高度、背景颜色、文字颜色

5.4.4 CSS 代码

网页对应的 CSS 代码如下：

```
/*清除所有标签默认的外边距和内边距*/
*{
    margin: 0;
    padding: 0;
}
/*清除无序列表默认样式*/
ul{
    list-style: none;
}

/*设置最大框的宽高、内边距、边框线、边框阴影，盒子宽度包括边框、内边距、内容宽度*/
.box{
    width: 500px;
    margin:30px auto;
    padding:30px 40px;
    border:1px solid #ddd;
    box-shadow: 0 0 10px #bbb;
    box-sizing: border-box;
}
/*设置标题水平居中、文字颜色、字大小、行高*/
h2{
    text-align: center;
    color:#666;
```

```
    font-size: 22px;
    line-height: 40px;
}
/*设置表单内边距*/
form{
    padding:15px 0;
}
/*设置每个列表项为弹性容器，并设置高度、行高、底部外边距*/
li{
    display: flex;
    height: 40px;
    line-height: 40px;
    margin-bottom: 15px;
}
/*设置 label 为块级元素，宽度为 120px*/
label{
    display: block;
    width: 120px;
}
/*设置输入框边框线、高度、内边距、行高、输入框自适应宽度*/
input{
    border:1px solid #ddd;
    height: 38px;
    padding:0 10px;
    line-height: 38px;
    flex:1;
    box-sizing: border-box;
}
/*设置按钮宽度，清除按钮边框线，设置按钮高度、背景颜色、文字颜色*/
button{
    width: 100%;
    border:none;
    height: 40px;
    background-color: #4889FF;
    color:#fff;
}
```

【本章小结】

本章围绕创建注册页面，介绍了表格、表单、表单控件标签的使用，以及弹性布局的概念、弹性布局中容器 flex-direction 和 justify-content 的设置，项目的 flex 属性的设置。

【习题】

1. 写出表格标签的格式。
2. 写出表单标签、常用表单控件的格式。
3. 用 HTML+CSS 制作简易的登录界面。

第 6 章 HTML+CSS 创建变形动画

HTML5 保留了以前绝大部分标签，废弃了部分元素，增加了大量的结构元素。CSS3 新增加了很多特性。本章主要介绍 HTML5 新增的结构元素和 CSS3 新增的 transform 变形属性的使用。

【学习目标】

（1）掌握变形-位移 transform:translate(x,y)的使用；
（2）掌握变形-旋转 transform:ratate(angle)的使用；
（3）掌握变形-缩放 transform:scale(x,y)的使用；
（4）掌握变形-倾斜 transform:skew(angleX,angleY)的使用。

6.1 HTML5 新增结构元素

课件：HTML+CSS 创建变形动画

2014 年 10 月 28 日，W3C 组织公开发布 HTML5 标准规范。HTML5 针对大量不规范的 HTML 文档，做到了良好的兼容性，解决了跨浏览器、跨平台问题。目前 95%的浏览器都支持 HTML5，其中包含移动端等使用的浏览器。HTML5 最直观的地方就是以前需要使用 Flash 来播放视频，现在直接使用 HTML5 来播放视频，手机端网页可直接观看视频。

HTML5 是在以前的 HTML 的基础上发展出来的，因此，HTML5 保留了以前绝大部分标签，废弃了部分元素。以前的 HTML 页面只能用元素作为结构元素，给阅读代码带来了一些困扰，因此，在 HTML5 中增加了大量的结构元素，如表 6-1 所示。

表 6-1　HTML5 中新增的结构元素

新增元素	含义
<article>	定义文档内的文章
<aside>	定义页面内容之外的内容
<figure>	定义自包含内容，如图示、图表、照片、代码清单等
<footer>	定义文档或节的页脚

续表

新增元素	含义
<header>	定义文档或节的页眉
<main>	定义文档的主内容
<mark>	定义重要或强调的内容
<meter>	定义已知范围（尺度）内的标量测量
<section>	定义文档中的一个区域（章节）
<nav>	定义文档内的导航链接
<progress>	定义任务进度
<time>	定义日期/时间
<audio>	定义声音或音乐内容
<video>	定义视频或影片内容

6.2　CSS3 新增 transform

CSS3 新增的变形动画属性 transform，用于设置元素的变形。transform 变形函数如表 6-2 所示。

表 6-2　CSS3 新增变形动画 transform

名称	格式	含义
变形-位移	transform:translate(x,y)	设置元素水平方向和垂直方向的同时移动
变形-旋转	transform:ratate(angle)	通过指定的角度参数使元素相对原点进行旋转。正值，顺时针旋转；负值，逆时针旋转。angle 的单位为 deg
变形-缩放	transform:scale(x,y)	设置元素水平方向缩放比为 x,垂直方向缩放比为 y
变形-倾斜	transform:skew(angleX,angleY)	设置元素沿 x 方向倾斜 angleX 角度，沿 y 方向倾斜 angleY 角度

6.3 创建变形动画

6.3.1 框架分析

变形动画宠物狗页面，局部效果如图 6-1 所示。该页面结构从左到右有 4 种宠物狗的信息，每种宠物狗都有图片、名称、特点。这种重复的项目，HTML 有很多种布局方法。本书采用无序列表来布局这 4 种宠物狗的信息。鼠标经过列表项时，图片旋转 360°，放大 1.3 倍，鼠标离开后再旋转还原。鼠标经过列表项时，文字背景色变红色，并且字加粗，鼠标离开后还原。

微课：变形动画的 HTML

图 6-1　变形动画页面效果

变形动画宠物狗页面框架嵌套顺序如图 6-2 和图 6-3 所示。

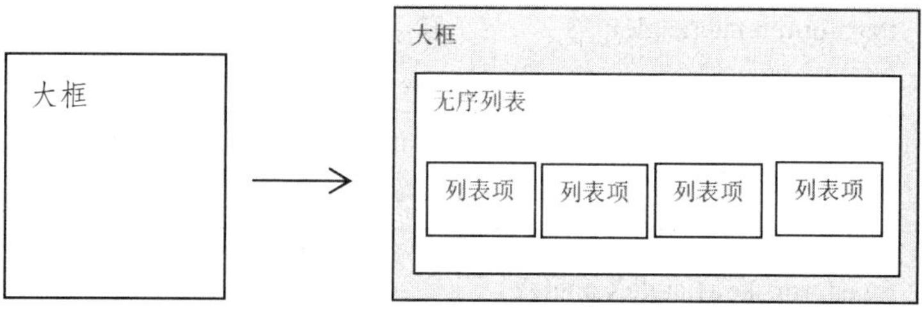

图 6-2　框架嵌套步骤一至步骤二

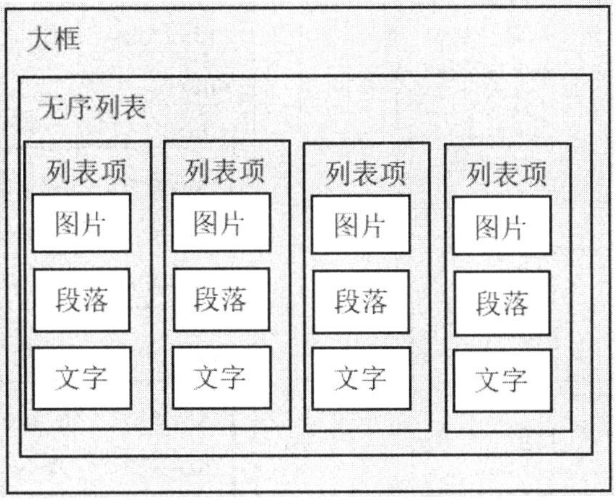

图 6-3　框架嵌套步骤三

6.3.2　框架对应 HTML 代码

变形动画宠物狗页面框架嵌套的步骤：

步骤一：大框对应 HTML 代码如图 6-4 所示。

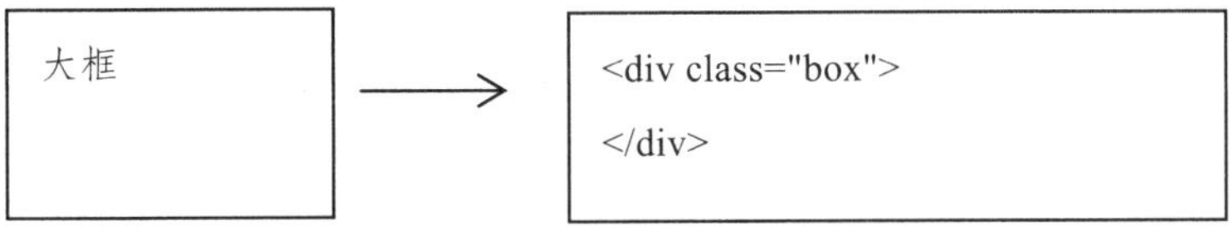

图 6-4　框架嵌套步骤一对应 HTML 代码

步骤二：加入无序列表后 HTML 代码如图 6-5 所示。

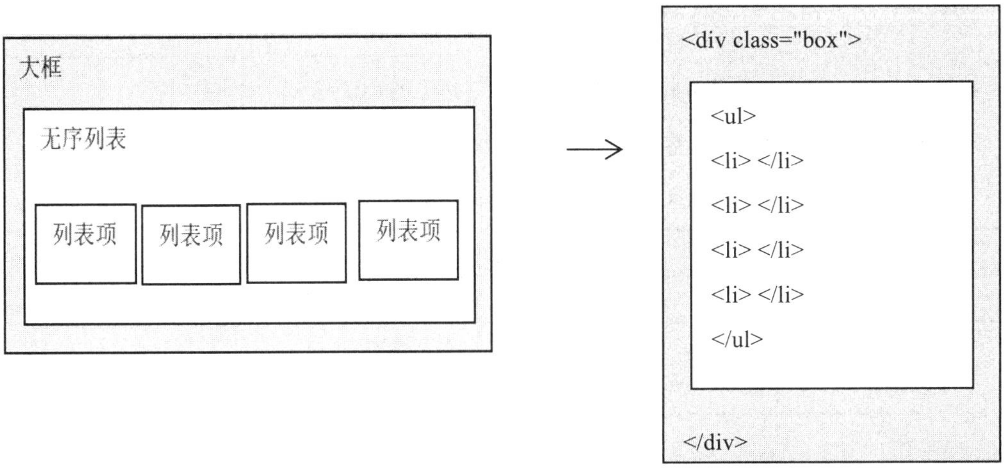

图 6-5　框架嵌套步骤二对应 HTML 代码

步骤三：加入图片、段落、文字后 HTML 代码如图 6-6 所示。

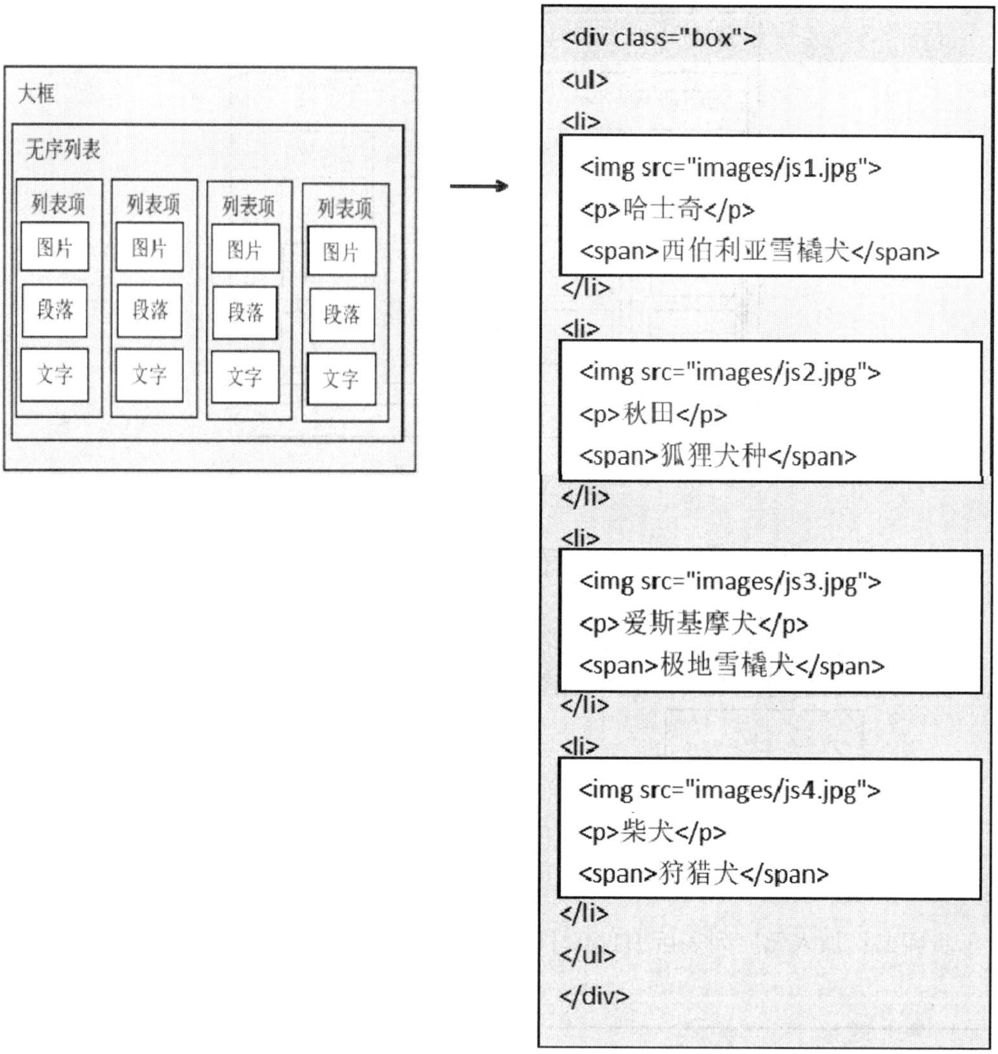

图 6-6 框架嵌套步骤三对应 HTML 代码

变形动画框架对应的标签及 class 类名如表 6-3 所示。

表 6-3 页面框架对应的标签及 class 类名

框名称	对应的标签名及 class 类名
外面最大框	<div class=” box”>
无序列表	<ul >
列表项	<li>
图片	<img>
段落	<P>
文字	<span>

变形动画 HTML 代码如下：

```
<!DOCTYPE html>
<html>
<head>
    <title></title>
    <meta charset="utf-8">
    <!-- 导入 css 文件中的 ys.css -->
    <link rel="stylesheet" type="text/css" href="css/ys.css">
</head>
<body>
<div class="box">
        <ul >
            <li>
                <img src="images/js1.jpg">
                <p>哈士奇</p>
                <span>西伯利亚雪橇犬</span>
            </li>
            <li>
                <img src="images/js2.jpg">
                <p>秋田</p>
                <span>狐狸犬种</span>
            </li>
            <li>
                <img src="images/js3.jpg">
                <p>爱斯基摩犬</p>
                <span>极地雪橇犬</span>
            </li>
            <li>
                <img src="images/js4.jpg">
                <p>柴犬</p>
                <span>狩猎犬</span>
            </li>
        </ul>

</div>
</body>
</html>
```

6.3.3 框架对应 CSS 样式分析

微课：变形动画的 CSS

变形动画宠物狗页面框架嵌套的步骤：

步骤一：大框对应的 CSS 样式分析如图 6-7 所示。

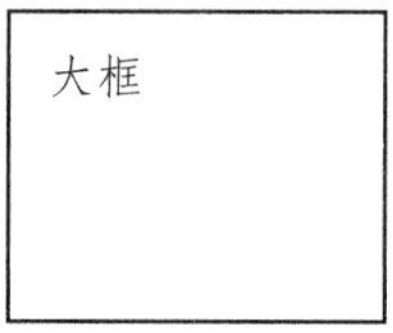


```
/*设置大框的背景颜色，宽度为 1200px，外边距上下 10 px，左右居中，内边距上下 10px*/
.box{
        background-color: #eee;
        width: 1200px;
        margin:10px auto;
        padding:10px 0;
}
```

图 6-7 框架嵌套步骤一对应的 CSS 样式

步骤二：加入无序列表后对应的 CSS 样式分析如图 6-8 所示。

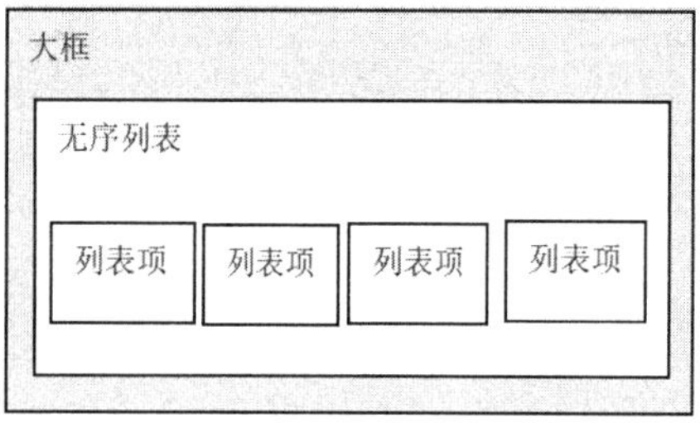


```
/*设置 ul 为弹性布局，设置列表项的水平对齐方式*/
ul{
        display: flex;
        justify-content: space-between;
}
/*设置每个列表项的背景颜色、宽度、边框倒圆角、居中对齐、溢出部分隐藏、每个列表项宽度会自动伸缩，设置外边距*/
 li{
        background-color: #fff;
        width: 200px;
/* li 倒圆角 15px，文本居中对齐，溢出隐藏，自适应为 1，外边距为 20px */
        border-radius:15px ;
        text-align:center ;
        overflow: hidden;
        flex:1;
        margin:20px;
}
```

图 6-8 框架嵌套步骤二对应的 CSS 样式

步骤三：图片、段落、文字对应 CSS 样式如图 6-9 所示。

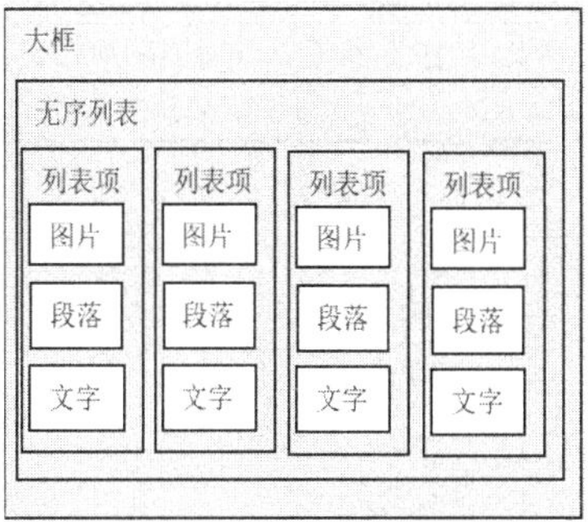


```
/*设置为块状元素，外边距上下 30px，左右居中，边框倒圆角，图片的过渡效果为 0.8 秒*/
 img{ display: block; margin:30px auto;
          border-radius:50% ;transition:.8s;
}
/*设置高度、行高、底部边框线、加粗、字颜色*/
 p{ height: 60px;line-height: 60px;
        border-bottom:1px solid #ddd;
        font-weight: 600;color:#555;
}
/*设置为块级元素，设置宽度、高度、行高，设置文字的过渡效果为 0.8 秒*/
span{ display: block;width: 100%;
          height:50px;line-height: 50px;
          transition:.8s;
}
/* 当鼠标经过列表项时，图片旋转 360°，放大 1.3 倍，离开后再旋转还原 */
 li:hover img{
        transform:rotate(360deg) scale(1.3);}
/* 当鼠标经过列表项时，文字背景色变红色，并且字加粗，离开后还原*/
 li:hover span{
```

图 6-9 框架嵌套步骤三对应的 CSS 样式

变形动画中，鼠标经过每个列表项时，图片有旋转和放大效果，文字背景色变红色，字加粗，对应的样式分析如表 6-4 所示。

表 6-4 对应的样式分析

序号	选择器	样式内容
样式初始化设置	* ul	清除所有标签默认的外边距和内边距， 清除无序列表默认样式
1	.box	设置最大框的背景颜色，宽度为 1200px， 外边距上下 10px，左右居中，内边距上下 10px

续表

序号	选择器	样式内容
2	ul	设置 ul 为弹性布局，设置列表项的水平对齐方式
3	li	设置每个列表项的背景颜色、宽度、边框倒圆角、居中对齐、溢出部分隐藏、每个列表项自适应宽度，设置外边距
4	img	设置为块状元素，外边距上下为 30px，左右居中，边框倒圆角，设置图片的过渡效果为 0.8 秒
5	p	设置高度、行高、底部边框线、加粗、字颜色
6	span	设置为块级元素，宽度和列表项宽度相同，设置高度、行高，设置文字的过渡效果为 0.8 秒
7	li:hover img	当鼠标经过列表项时，图片旋转 360°，放大 1.3 倍，离开后再旋转还原
8	li:hover span	当鼠标经过列表项时，文字背景色变红色，并且字加粗，离开后还原

6.3.4 CSS 代码

变形动画对应的 CSS 代码如下：

```
/*清除所有标签默认的外边距和内边距*/
*{
    margin: 0;
    padding:0;
}
/*清除无序列表默认样式设置*/

ul{
    list-style: none;
}
/*设置大框的背景颜色，宽度为 1200px，外边距上下为 10px，左右居中，内边距上下为 10px*/
.box{
    background-color: #eee;
    width: 1200px;
    margin:10px auto;
    padding:10px 0;


}
/*设置 ul 为弹性布局，设置列表项的水平对齐方式*/
```

```
ul{
    display: flex;
    justify-content: space-between;
}
/*设置每个列表项的背景颜色、宽度、边框倒圆角、居中对齐、溢出隐藏、每个列表项宽度会自动伸缩，设置外边距*/
li{
    background-color: #fff;
    width: 200px;
    /* 设置 li 边框为圆角 20px，文字对齐方式为居中 */
    border-radius:15px ;
    text-align:center ;
    overflow: hidden;
    flex:1;
    margin:20px;
}
/*设置为块状元素，外边距上下为 30px，左右居中，边框倒圆角，设置图片的过渡效果为 0.8 秒*/
img{
        display: block;
        margin:30px auto;
        border-radius:50% ;
        transition:.8s;
}
/*设置高度、行高、底部边框线、加粗、字颜色*/
p{
    height: 60px;
    line-height: 60px;
    border-bottom:1px solid #ddd;
    font-weight: 600;
    color:#555;
}
/*设置为块级元素，宽度和列表项宽度相同，设置高度、行高，设置文字的过渡效果为 0.8 秒*/
span{
    display: block;
```

```
    width: 100%;
    height:50px;
    line-height: 50px;
    transition:.8s;
}
/* 当鼠标经过列表项时，图片旋转 360°，放大 1.3 倍，离开后再旋转还原 */
 li:hover img{
    transform:rotate(360deg) scale(1.3);
}
/* 当鼠标经过列表项时，文字背景色变红色，并且字加粗，离开后还原*/
 li:hover span{
    background-color: #f00;
    font-weight: 600;
}
```

【本章小结】

本章围绕创建变形动画案例，介绍了变形属性 transform 的使用技巧。

【习题】

使用 HTML+CSS 制作自己大学校园生活照片的变形动画效果。

第 7 章　HTML+CSS+JS 创建移动端底部菜单

在 Web 前端开发中，使用 HTML 标签创建网页的框架结构，使用 CSS 样式对网页进行美化，使用 JavaScript 制作网页的特效和事件处理。JavaScript 是一种解释性的脚本语言，被广泛应用于 Web 前端开发。本章主要学习 JavaScript 语法基础、获取元素的方法、常用鼠标事件。

【学习目标】

（1）掌握 JavaScript 代码的内部引入和外部引入；

（2）掌握 JavaScript 定义函数的两种方法；

（3）掌握 JavaScript 的对象创建和访问对象属性的方法；

（4）掌握 JavaScript 获取 DOM 元素的方法；

（5）掌握 JavaScript 常用鼠标事件。

7.1　JavaScript 语法基础

7.1.1　JavaScript

JavaScript 是一种解释性的脚本语言，简称 JS，被广泛用于 Web 应用开发，常用来为网页添加动态功能，为用户提供更流畅美观的浏览效果。绝大多数浏览器都具备 JavaScript 引擎，且具备跨平台性，可以在多种平台下运行（如 Windows、Linux、Mac、Android、iOS 等）。

课件：HTML+CSS+JS 创建移动端底部菜单　　　微课：JS 语法基础

JavaScript 代码可以写在 HTML 文件的内部、外部和行内，分别叫内部引入、外部引入和行内。

1. 内部引入

（1）JS 代码必须写在<script type="text/javascript">和</script>标签里。

（2）把<script type="text/javascript">…</script>写在<head>或者<body>标签中。

【示例 7-1】<script type="text/javascript">…</script>标签写在<head>标签中。

HTML 和 JS 代码如下：

```
<!DOCTYPE html>
<html>
    <head>
        <meta charset="UTF-8">
        <script type="text/javascript">
            alert("我是内部引入，写在 head 标签中"); /*alert 函数会弹出一个警告框,警告框里显示括号里的内容*/
        </script>
    </head>
    <body>
    </body>
</html>
```

注意 JavaScript 中注释的写法：

单行注释：//注释内容

多行注释：/*注释内容*/

运行会弹出一个警示框，如图 7-1 所示。

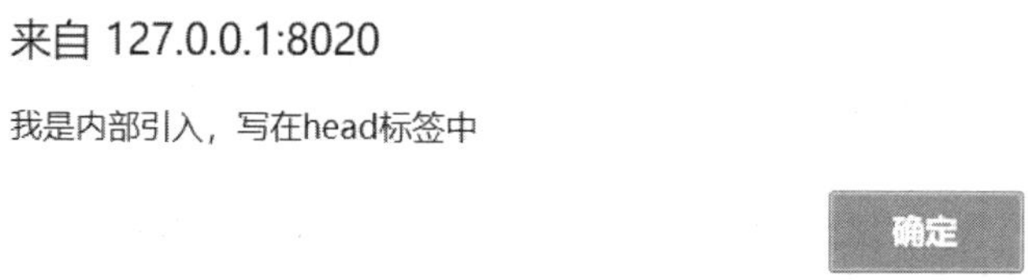

图 7-1　运行效果

【示例 7-2】<script>…</script>标签写在<body>标签中，适合代码偏少的情况。

HTML 和 JS 代码如下：

```
<!DOCTYPE html>
<html>
    <head>
        <meta charset="UTF-8">

    </head>
```

```
    <body>
        <script type="text/javascript">
            alert("我是内部引入，写在 body 标签中");
        </script>
    </body>

</html>
```

运行会弹出一个警示框，如图 7-2 所示。

图 7-2　运行结果

2. 外部引入

外部引入实现了 JS 代码和 HTML 代码分离，相互干扰性小。

外部引入包括两个步骤：

第一步：创建一个 JS 文件，把 JS 代码写在该文件中。

第二步：在 HTML 文件<head>标签中引入这个 JS 文件。

【示例 7-3】外部引入 JS。

（1）创建一个 index.js 文件，该文件编码如下：

```
alert('我是外部引入');
```

（2）在 index.html 文件中引入这个 index.js 文件，编码如下：

```
<!DOCTYPE html>
<html>
    <head>
        <meta charset="UTF-8">
        <script src="index.js" type="text/javascript" charset="utf-8"></script>
        </script>
    </head>
    <body>
    </body>
</html>
```

运行会弹出一个警示框，如图 7-3 所示。

图 7-3　运行效果

3. 行内

在 HTML 代码中添加 JS，因为其可读性太差，所以不推荐这种方法。

【示例 7-4】行内添加 JS。

HTML 和 JS 代码如下：

```
<!DOCTYPE html>
<html>
	<head>
		<meta charset="UTF-8">
	</head>
	<body>
		<a href="http://www.baidu.com" onclick="alert('您将要跳转到百度')">百度
</a>
	</body>
</html>
```

运行效果如图 7-4 所示。

图 7-4　运行效果

7.1.2　JavaScript 的基本语法

7.1.2.1　JavaScript 的数据类型

微课：JS 的基本语法

1. 基本数据类型

（1）number：包括整数或小数。例如：

```
80　90.5
```

（2）string:用" "双引号或者' '单引号包围的叫字符串，不管里面是文字还是数字。例如：

```
"abc"  "a"  'abc'  "123"
```

（3）boolean:布尔类型。只有 true 和 false 值。

（4）null:一个对象为空的占位符，即该对象定义了但没有赋值。

（5）undefined: 如果一个变量未定义，则会被默认赋值为 undefined。

2. 引用数据类型——对象

JavaScript 中有一个说法是一切皆对象，即一切皆可看作对象。JavaScript 对象是包含很多属性的集合，是无序属性的集合。在后面章节将详细介绍。

7.1.2.2 变量的声明

变量即可变的量，变量是用于存储数据的容器。变量名只能以字母、_、$开头，余下的可以是字母、数字、_、$，注意变量名不能数字开头。变量名不能用 JS 关键字。

JavaScript 所有代码一律使用英文半角输入，严格区分大小写。

变量声明语法：

```
var 变量名=初始化值;
```

例如：

```
var name = "贵州省";
```

JavaScript 是“弱类型”语言。Java 是“强类型”语言。

★强类型的变量类型是一经声明，就不能改变的。

★弱类型的变量类型根据使用的情况可以随时改变。

【示例 7-5】变量的声明。

JS 代码如下：

```
<script type="text/javascript">
    var name ;
    name = 100;
    name = "Web 前端开发";
    alert(name);
</script >
```

运行会弹出一个警示框，如图 7-5 所示。

图 7-5 运行效果

注意：在 JS 中同一个变量，后面赋的值会覆盖前面赋的值，并且后面赋值的数据类型与前面赋值的数据类型可以不一样。

7.1.2.3　运算符

1. 算术运算

算数运算包括加、减、乘、除、取余、自增、自减，对应的运算符分别为+、-、*、/、%、++、--。

【示例 7-6】算术运算。

JS 代码如下：

```
<script type="text/javascript">
     var a=10;
    var b=2;
    console.log(a+b);
    console.log(a%b);
</script >
```

在控制台中的运行结果如图 7-6 所示。

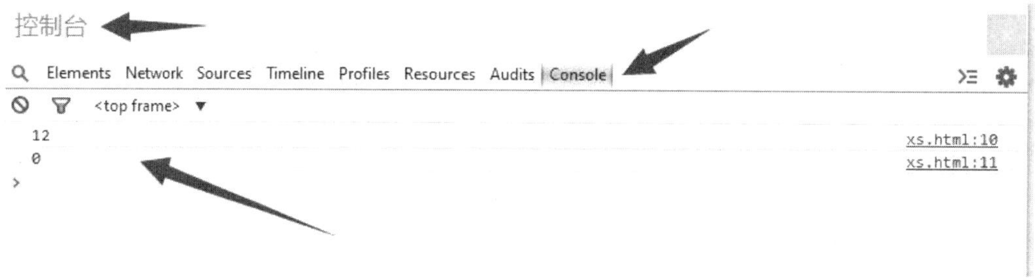

图 7-6　运行结果

console.log( )和 alert 方法类似，唯一不同的是该方法是显示在控制台的，方便调试。在浏览器中按下 F12 键即可打开控制台。而 alert()方法是显示在浏览器上的。

2. 关系运算

关系（比较）运算符包括>、<、>=、<=、==（等于）、!=（不等于）、===（全等）、!==（全不等）。关系运算符的运算结果是布尔值(true 或 false)。

【示例 7-7】关系运算。

JS 代码如下：

```
<script type="text/javascript">
var a,b;
a = 5>2;          //true
b = 5<2;          //false
```

```
document.write(a+"<br>"+b);           //document.write 的功能是在网页中输出内容
</script >
```

运行效果如图 7-7 所示。

图 7-7　运行效果

3. 逻辑运算符

逻辑运算符包括&&（与）、||（或）、!（非）。逻辑运算符的运算结果，只有 true 或 false 两个值。“与”运算即所有条件 true，运算结果才为 true。“或”运算即条件中有一个 true，运算结果为 true。“非”运算即取反，true 变 false，false 变 true。

【示例 7-8】逻辑运算符。

JS 代码如下：

```
<script type="text/javascript">
    var a = 8>3 && 2<9;                          //true
    var b= 5>3 || 4>7 || 8<10;                   // true
    var c= !5>3;                                 //false
    document.write(a+"<br>"+b+"<br>"+c);
</script>
```

运行效果如图 7-8 所示。

图 7-8　运行效果

7.1.2.4　分支循环

微课：JS 的分支循环

1. 分支语句

（1）条件成立时执行，条件不成立时什么也不做。

格式如下：

```
if(条件){
    条件成立时执行的代码序列
};
```

（2）条件成立时执行代码序列 1，条件不成立时执行代码序列 2。格式如下：

```
if(条件){
     条件成立时执行的代码序列 1
}else{
条件不成立时执行代码序列 2
 };
```

【示例 7-9】a 变量的值为 90，如果 a 的值大于 90，输出“真棒”，否则输出“加油”。

JS 代码如下：

```
<script type="text/javascript">
     var a = 90;
   if( a>80){
       document.write("真棒");
   }
   else {
        document.write("加油");
   }
</script >
```

运行效果如图 7-9 所示。

图 7-9　运行效果

2. 循环语句

for 循环：如果满足循环条件，就重复执行同一段代码块。

for 循环语法格式如图 7-10 所示。

```
    ❶                    ❷              ❹
for(声明变量=初始值; 条件表达式;变量自增或自减){
     ❸ 代码块
};
```

图 7-10　for 循环语法格式

for 循环的执行步骤：

（1）声明一个变量，赋初始值。

（2）判断变量的值是否满足条件表达式。

（3）如果满足条件，则执行循环语句代码块；如果不满足条件，则退出循环。

（4）变量自增或自减。

（5）重复第（2）步，判断变量的值是否满足条件表达式，至条件不满足时退出循环。

【示例 7-10】输出 20 遍“我爱我的祖国”。

JS 代码如下：

```
<script type="text/javascript">
        for (var i=0; i<20; i++) {
                        document.write("我爱我的祖国");
                }
</script >
```

运行效果如图 7-11 所示。

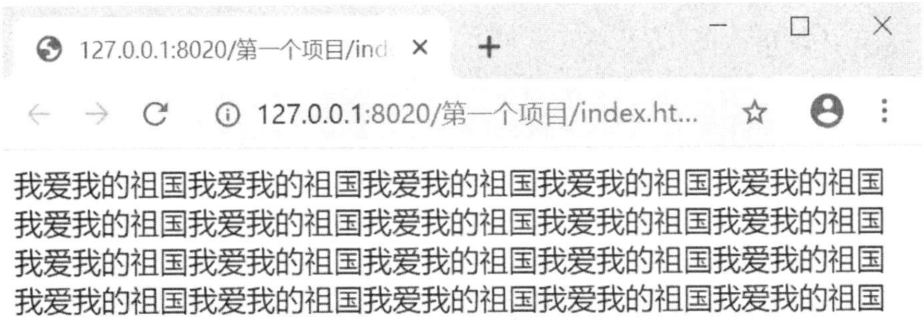

图 7-11　运行效果

7.1.2.5　数组和字符串

1. 数组

数组是指一组数据的集合，数组的每一个数据叫作一个元素。

微课：数组和字符串

2. 数组的特点

（1）数组元素可以是任意类型。

（2）每个数组都有一个 length 属性，length 属性就是数组长度，即数组元素的个数。

（3）数组中每个元素在数组中有一个位置，称为下标，用数字表示，从 0 开始排列，数组名[0]表示数组中第一个元素，数组名[1]表示数组中第二个元素，数组[2]表示数组中第三个元素，以此类推。因此，数组最大的下标，始终比数组长度小 1。

3. 数组创建方式

（1）隐式方式创建数组是最常用的方式。例如：

```
var sz=["小刘","小红","小吴","小邓"];
```

（2）直接实例化，通过构造函数 Array()创建。例如：

```
var sz=new Array("小刘","小红","小吴","小邓");
```

4. 数组遍历

当数组中元素很多时，如果要输出每个元素，要用循环，即对数组遍历。

【示例 7-11】创建一个数组，数组元素为"小刘","小红","小吴","小邓"，用循环输出“小刘在跳舞”“小红在跳舞”“小吴在跳舞”“小邓在跳舞”。

HTML 和 JS 代码如下：

```
<!DOCTYPE html>
<html>
    <head>
        <meta charset="utf-8" />
        <title></title>
        <script type="text/javascript">
            var sz = ["小刘", "小红", "小吴", "小邓"];
            for(var i= 0; i< sz.length; i++) {
                document.write(sz[i] + "在跳舞" + "<br>");
            }
        </script>
    </head>
    <body>

    </body>
</html>
```

运行效果如图 7-12 所示。

图 7-12　运行效果

5. 字符串当成数组来使用

【示例 7-12】字符串当数组来使用。

HTML 和 JS 代码如下：

```
<!DOCTYPE html>
<html>
    <head>
        <meta charset="utf-8" />
        <title></title>
        <script type="text/javascript">
            var a = "www.163.com";

            for (var i=0;i<a.length;i++) {
                document.write(a[i]+"<br>");
            }
        </script>
    </head>
    <body>

    </body>
</html>
```

运行效果如图 7-13 所示。

图 7-13　运行效果

【示例 7-13】使用 indexOf()函数。

HTML 和 JS 代码如下：

```
<!DOCTYPE html>
<html>
    <head>
        <meta charset="utf-8" />
        <title></title>
        <script type="text/javascript">
            var wy = "www.163.com";
            var a = wy.indexOf("w");   //0
            var b = wy.indexOf(".");   //3
            alert(a);
            alert(b);
        </script>
    </head>
    <body>
    </body>
</html>
```

注意：indexOf()函数返回某个指定的字符串值在字符串中首次出现的位置，对大小写敏感，如果要检索的字符串值没有出现，则该方法返回-1。

7.1.2.6 函 数

微课：函数

函数：执行特定任务的代码块。把相同的重复的流程打包，方便重复调用。

两种定义函数和调用函数的方法如下：

第一种定义函数的方式：基本方式，通过 function 关键词进行定义，其后是函数名、小括号（ ）、大括号{}。

定义函数格式：

```
function 函数名(参数 1,参数 2,…){
    要执行的代码(函数体)
};
```

调用函数格式：

```
函数名（ ）
```

【示例 7-14】用第一种方法创建洗衣机函数。

JS 代码如下：

```
<script type="text/javascript">
```

```
function xyj(){
    alert("衣服洗好了");
};
  xyj( );
</script >
```

运行效果如图 7-14 所示。

图 7-14　运行效果

第二种定义函数的方式：通过匿名函数赋值给变量，通过 function 关键词进行定义，其后是小括号（ ）、大括号{}，并赋值给一个变量，变量名就相当于函数名。

创建函数的格式：

```
var 变量名= function (参数 1,参数 2,…){
        要执行的代码(函数体)
    };
```

【示例 7-15】用第二种方法创建洗衣机函数。

JS 代码如下：

```
<script type="text/javascript">
var xyj= function (){
    alert("衣服洗好了");
      };
xyj( );
</script >
```

运行效果如图 7-15 所示。

图 7-15　运行效果

7.1.2.7 对　象

1. JavaScript 对象

JavaScript 对象是包含很多属性的集合。JavaScript 对象属性指的是与对象相关的值。JavaScript 对象是无序属性的集合。

微课：对象

2. 创建对象的方法

（1）JSON 模式创建对象。JSON（JavaScript Object Notation）是一种轻量级的数据交换格式。以 key：value 格式存储数据，key 和 value 之间需要使用冒号，value 可以是数字、字符串、数组、对象。数据由逗号分隔，最后一项数据后不能有逗号。

【示例 7-16】创建 xs 对象，包括 name、sex、age、height 属性。

```
var xs={name: "小王", sex: "男", age:12, height:1.7};
```

（2）直接实例化，通过构造函数 Object( )创建对象。

【示例 7-17】创建 xs 对象，包括 name、sex、age、height 属性。

```
<script type="text/javascript">
var xs=new Object();
      xs.name="小王";
      xs.sex="男";
      alert(typeof xs);      //typeof:检测数据类型
</script >
```

注意： typeof 是运算符，是检测数据类型，不是函数。

运行效果如图 7-16 所示。

图 7-16　运行效果

3. 访问对象属性的方法

（1）对象名. 属性名(用得最多)。

（2）对象名["属性名"]。

【示例 7-18】访问 xs 对象的 sex 属性和 age 属性值。

JS 代码如下：

```
<script type="text/javascript">
```

```
        var xs={name:"小王", sex:"男", age:12, height: 1.7};
        var a=xs.sex;
        var b=xs["age"];
       document.write(a+"<br>"+b);
</script >
```

运行效果如图 7-17 所示。

图 7-17　运行效果

7.2　JavaScript 获取 DOM 元素

微课：BOM、DOM、获取 DOM 对象

7.2.1　BOM 和 DOM 概述

BOM（Browser Object Model）即浏览器对象模型。DOM（Document Object Model）即文档对象模型。

BOM 对象包括：Window 对象、History 历史记录对象、Location 网址对象、Document 文档对象。Window 对象是外面最大的对象，它包括 History 历史记录对象、Location 网址对象、中间最大的 Document 文档对象。BOM 对象如图 7-18 所示。

图 7-18　BOM 对象

DOM 结构（见图 7-19）就像树一样，从文档根(document)，逐步分支展开。每一

个元素，都可以看作是树的一个分支节点。每一个元素（节点）之间都存在着如下的一些关系：根结点、父结点、子结点、兄弟结点。

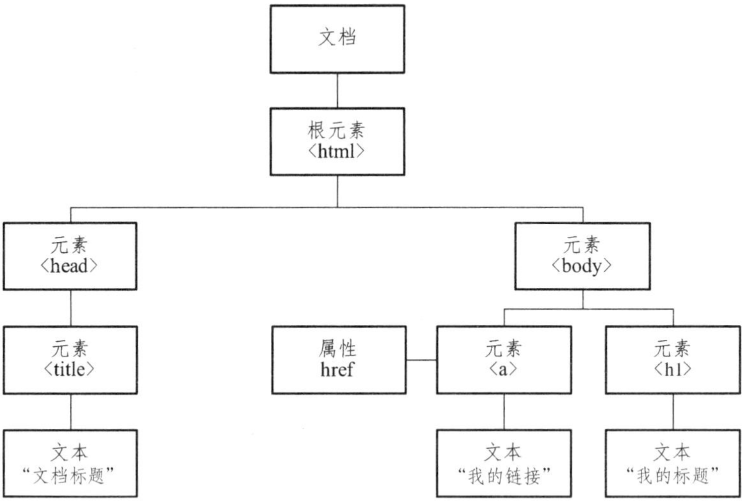

图 7-19　BOM 结构

7.2.2　获取 DOM 对象

JavaScript 如果要操作 DOM 对象，就必须先要获取 DOM 对象。获取 DOM 对象有以下 4 种常用方法，如表 7-1 所示。

表 7-1　获取 DOM 对象常用的方法

方法	说明	返回值
document. getElementById("id 名")	通过 id 获取 DOM 对象	1 个元素
document.getElementsByClassName("类名")	通过类名获取 DOM 对象	元素集合
document.getElementsByName("name 名")	通过 name 获取 DOM 对象	元素集合
document.getElementsByTagName("标签名")	通过标签获取 DOM 对象	元素集合

【示例 7-19】获取类名为 gz 的元素集合，用循环语句给每个元素加行内样式：文字颜色为红色。

HTML 和 JS 代码如下：

```
<html>
    <head>
        <meta charset="UTF-8">
        <script type="text/javascript">
            window.onload = function() {
                //获取类名为 gz 的元素集合，用循环语句给每个元素加行内样式
```

```
                var gz = document.getElementsByClassName("gz");
                for(var i = 0; i <= gz.length; i++) {
                    gz[i].style.color = "red";
                }
            }
        </script>
    </head>
    <body>
        <div class="gz">花溪牛肉粉</div>
        <div class="gz">花江狗肉</div>
        <div class="gz">米豆腐</div>
        <div class="gz">丝娃娃</div>
        <div class="gz">宫保鸡丁</div>
    </body>
</html>
```

运行效果如图 7-20 所示。

图 7-20　运行效果

注意：

（1）如果 JavaScript 代码放在<head>标签中，获取元素的语句必须放在下面代码块中。

```
window.onload=function(){
  //获取元素
}
```

window.onload 函数功能是把 HTML 页面加载完，即 HTML 元素都已加载，才能用 JavaScript 代码获取元素，否则获取失败。

（2）通过类名获取 DOM 对象，返回的是一组元素集合，而不是一个元素。如果要设置每个元素，需要用循环语句。

7.2.3 获取 DOM 对象属性

DOM 元素是对象，DOM 对象的属性包括元素内容、元素样式等。

微课：获取 DOM 对象属性

获取对象属性的格式：

```
对象名.属性名
```

同理，获取 DOM 元素属性格式和上面的格式相同，如下：

```
DOM 元素名.属性名
```

7.2.3.1 DOM 对象常用属性——元素内容

获取 DOM 元素内容有以下两种方式。

1. DOM 对象名.innerText

返回的是标签内的文本值，不包含 HTML 标签。

【示例 7-20】获取 div 元素及内容，设置 div 元素的内容为“中国加油”。

HTML 和 JS 代码如下：

```
<!DOCTYPE html>
<html>
    <head>
        <meta charset="UTF-8">

    <script type="text/javascript">
        window.onload = function(){
        //获取 jy 对象
       var jy= document.getElementById("jy");
       //给 jy 对象的内容重新赋值
       jy.innerText="中国加油";
}
</script>
</head>
<body>
<div id="jy">武汉加油</div>
  </body>
</html>
```

运行效果如图 7-21 所示。

图 7-21　运行效果

2. DOM 对象名.innerHTML

返回的是标签内的 HTML 内容，包含 HTML 标签。

【示例 7-21】获取 div 元素及内容，设置 div 元素的内容为<span style="color:red;">中国加油!!! </span>。

HTML 和 JS 代码如下：

```
<!DOCTYPE html>
<html>
    <head>
        <meta charset="UTF-8">
    <script type="text/javascript">
        window.onload = function(){
         var jy= document.getElementById("jy");
            jy.innerHTML='<span style="color:red;">中国加油!!! </span>';
}
            </script>
</head>
    <body>
<div id="jy">武汉加油</div>
  </body>
</html>
```

运行效果如图 7-22 所示。

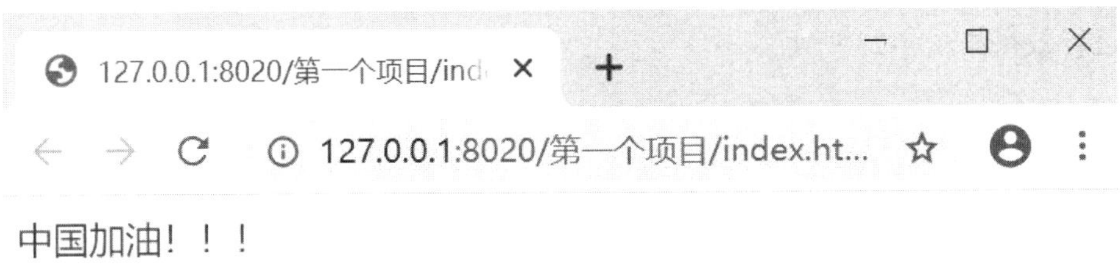

图 7-22　运行效果

7.2.3.2　DOM 对象常用属性——元素行内样式的某个样式

获取 DOM 元素行内样式的某个样式的语法格式：

```
DOM 元素名.style.某个样式
```

【示例 7-22】重设置 div 元素的行内样式：文字颜色、宽度、高度、字大小。

HTML 和 JS 代码如下：

```
<!DOCTYPE html>
<html>
    <head>
        <meta charset="UTF-8">
        <title></title>
        <script type="text/javascript">
            window.onload = function() {
                //获取 id 名为 ys 的元素
                var ys = document.getElementById("ys");
                // 重新设置 ys 元素的行内样式的某个样式
                ys.style.color = "green";
                ys.style.width = "200px";
                ys.style.height = "200px";
                //行内样式中的样式名中有"-"时，要使用驼峰命名法
                ys.style.fontSize = "30px";
            }
        </script>
    </head>
    <body>
        <div id="ys" style="color: red;font-size: 20px; width: 100px;height:100px;">
            贵阳欢迎您！
        </div>
    </body>
</html>
```

运行效果如图 7-23 所示。

图 7-23　运行效果

7.3 JavaScript 事件处理

7.3.1 事件介绍

HTML 事件是指在浏览器窗体或者 HTML 元素上发生的，可以触发 JavaScript 代码块运行的行为。事件可以是浏览器行为，也可以是用户行为，如浏览器加载完成事件、按钮单击事件等。

微课：JS 事件

常用的事件类型包括窗口事件、鼠标事件、键盘事件、文本事件等。一些常见的 HTML 事件如表 7-2 所示。

表 7-2 常见的 HTML 事件

事件	描述
onchange	HTML 元素已被改变
onclick	用户点击了 HTML 元素
onmouseover	用户把鼠标移动到 HTML 元素上
onmouseout	用户把鼠标移开 HTML 元素
onkeydown	用户按下键盘按键
onload	浏览器已经完成页面加载

事件绑定语法格式：

```
元素名.on 事件 = function( ){
        代码块
  }
```

7.3.2 常用鼠标事件

1. 鼠标单击事件操作步骤

（1）获取被鼠标单击元素；

（2）事件处理：

```
元素名.onclick=function(){
    代码块
  }
```

2. 鼠标移至元素之上事件操作步骤

（1）获取被鼠标单击元素；

（2）事件处理：

```
元素名. onmouseover=function(){
    代码块
    }
```

3．鼠标从元素上移开事件操作步骤

（1）获取被鼠标单击元素

（2）事件处理：

```
元素名.onmouseout=function(){
    代码块
    }
```

【示例 7-23】鼠标单击、鼠标移至元素之上、鼠标移开 3 种鼠标事件，鼠标事件之前和之后文字内容发生变化。

HTML 和 JS 代码如下：

```
<!DOCTYPE html>
<html>
    <head>
        <meta charset="UTF-8">
        <title></title>
        <style type="text/css">
            div{
                width:200px;height:100px;line-height:100px;text-align: center;
                background:red;margin:20px auto;font-size: 20px;
            }
        </style>
        <script type="text/javascript">
                window.onload=function(){
                var sj1 = document.getElementById("sj1");
                sj1.onclick=function(){
                    //鼠标单击事件
                    sj1.innerText="鼠标单击事件";
                }
                var sj2 = document.getElementById("sj2");
                sj2.onmouseover=function(){
                    //鼠标按下时事件
                    sj2.innerText="鼠标移上去事件";
```

```
                }
                var sj3 = document.getElementById("sj3");
                sj3.onmouseout=function(){
                    //鼠标移开事件
                sj3.innerText="鼠标移开";
                }


            }

        </script>
    </head>
    <body>
        <div id="sj1">鼠标事件</div>
        <div id="sj2">鼠标事件</div>
        <div id="sj3">鼠标事件</div>
    </body>
</html>
```

鼠标事件之前和之后的效果如图 7-24 所示。

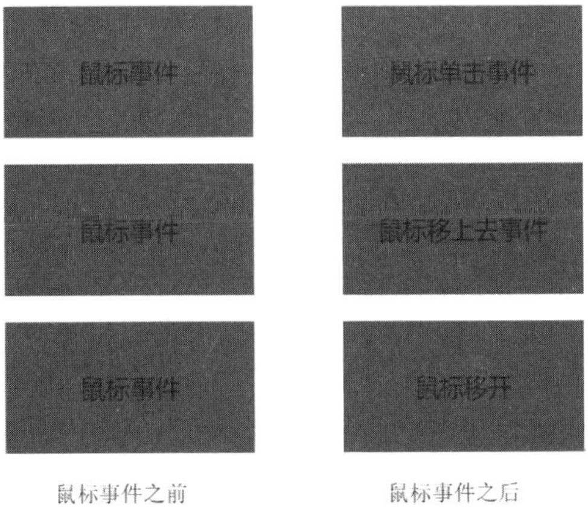

图 7-24 鼠标事件之前和之后的效果

7.4 创建商家底部菜单

7.4.1 框架分析

微课：商家底部菜单的 HTML

某商家底部菜单如图 7-25 所示。该菜单的结构从左到右包括会员、点单、信息 3 个菜单框，鼠标移到这 3 个菜单上时会显示子菜单项。鼠标移到子菜单项上会变黄色。

图 7-25　某商家微信公众号底部菜单

“商家”底部菜单框架嵌套步骤如图 7-26～图 7-28 所示。

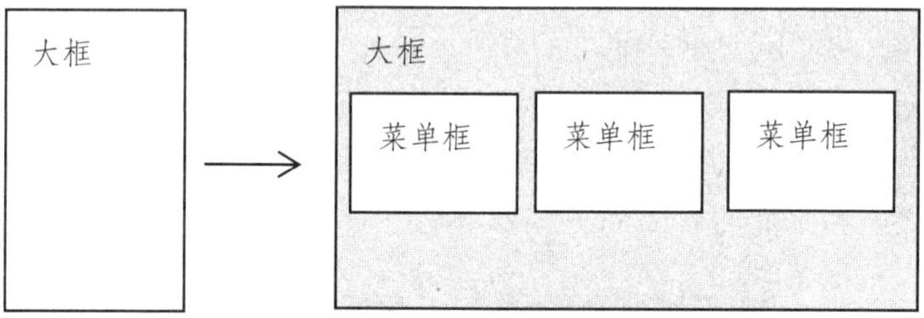

图 7-26　框架嵌套步骤一至步骤二

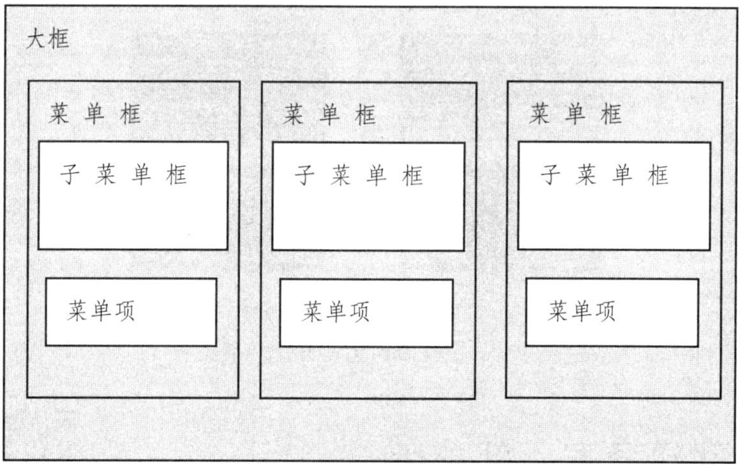

图 7-27　框架嵌套步骤三

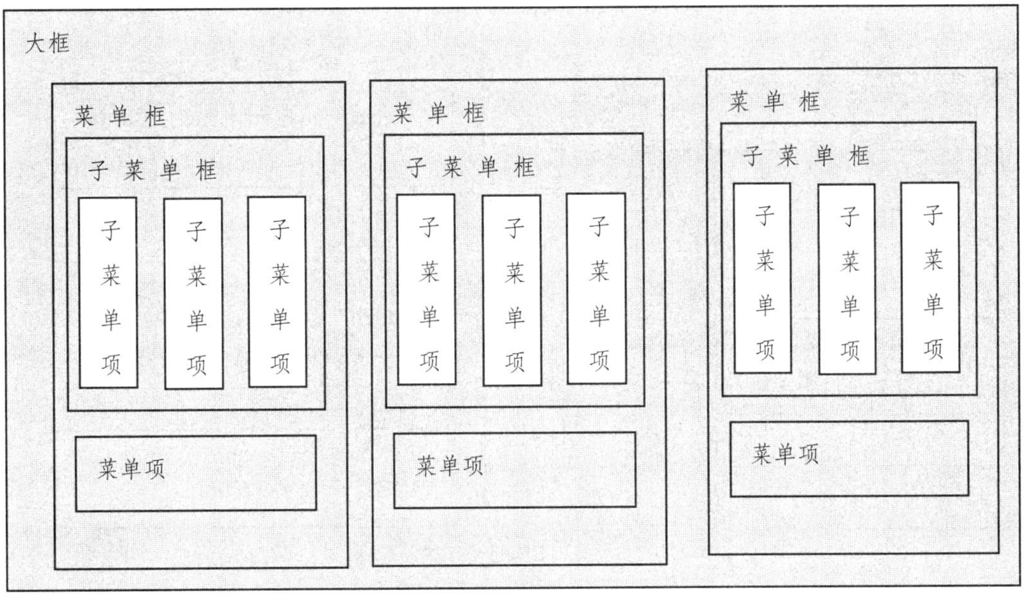

图 7-28　框架嵌套步骤四

7.4.2　框架对应 HTML 代码

“商家”底部菜单框架嵌套的步骤：

步骤一：大框对应 HTML 代码如图 7-29 所示。

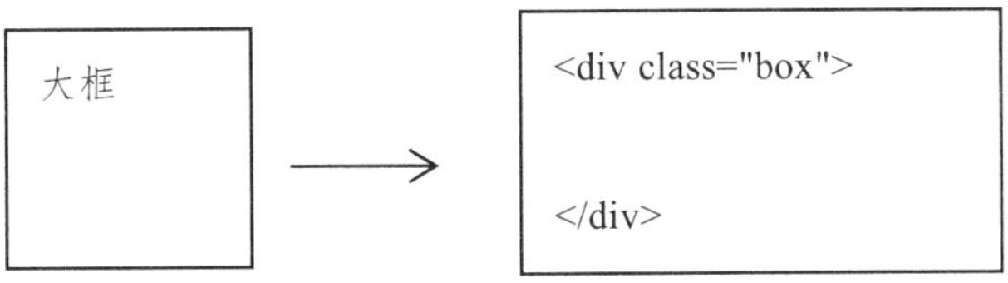

图 7-29　框架嵌套步骤一对应 HTML 代码

步骤二：加入菜单框后对应 HTML 代码如图 7-30 所示。

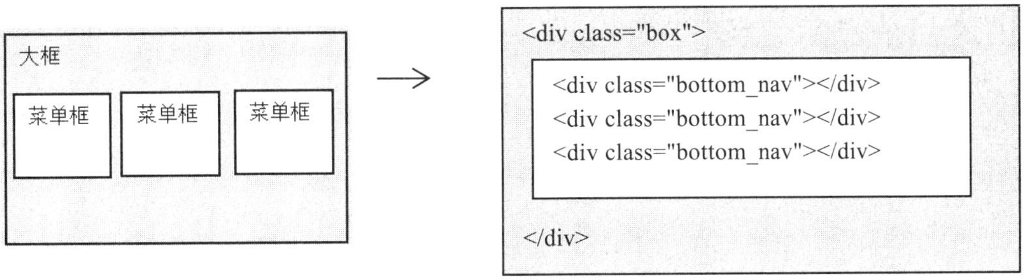

图 7-30　框架嵌套步骤二对应 HTML 代码

步骤三：加入子菜单框和菜单项后对应的 HTML 代码如图 7-31 所示。

步骤四：加入子菜单项后，对应的 HTML 代码如下图 7-32 所示。

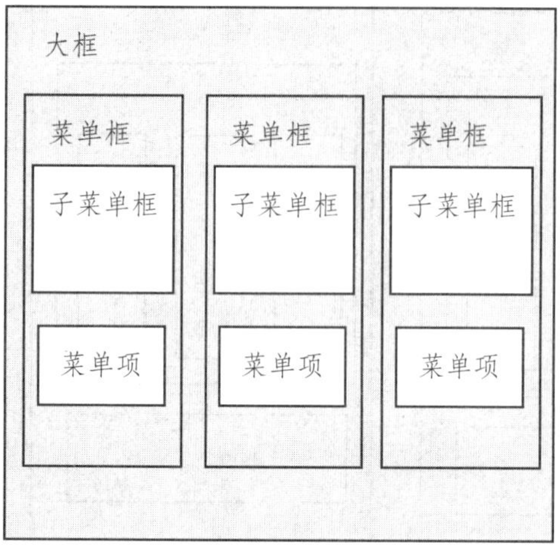


```
<div class="box">
<div class="bottom_nav">
    <div class="nav-submenu"> </div>
    <a href="">会员</a>
</div>
<div class="bottom_nav">
    <div class="nav-submenu"> </div>
    <a href="">点单</a>
</div>
<div class="bottom_nav">
    <div class="nav-submenu"> </div>
    <a href="">信息</a>
</div>
</div>
```

图 7-31　框架嵌套步骤三对应 HTML 代码

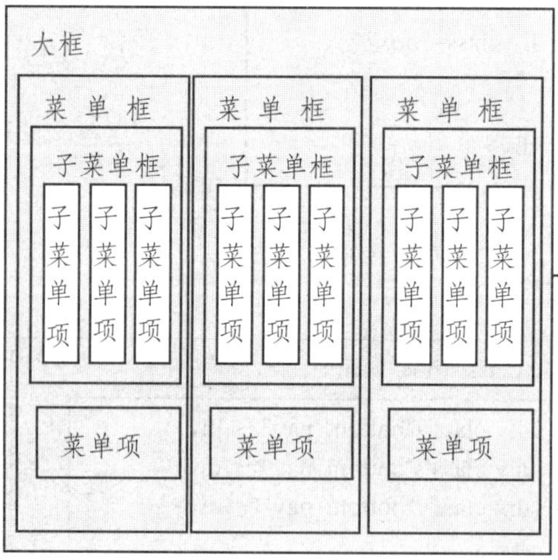


```
<div class="box">
<div class="bottom_nav">
<div class="nav-submenu">
    <div class="sub_menu">我的会员卡</div>
    <div class="sub_menu">我的优惠券</div>
    <div class="sub_menu">积分兑换</div>
</div>
<a href="">会员</a>
</div>
<div class="bottom_nav">
<div class="nav-submenu">
    <div class="sub_menu">拼团订单</div>
    <div class="sub_menu">美团外卖</div>
    <div class="sub_menu">网店点单</div>
</div>
<a href="">点单</a>
</div>
<div class="bottom_nav">
<div class="nav-submenu">
    <div class="sub_menu">门店信息</div>
    <div class="sub_menu">门店热线</div>
    <div class="sub_menu">招聘信息</div>
</div>
<a href="">信息</a>
</div>
</div>
```

图 7-32　框架嵌套步骤四对应 HTML 代码

“商家”底部菜单框架对应的标签及 class 类名如表 7-3 所示。

表 7-3　商家底部菜单框架对应的标签及 class 类名

框名称	对应的标签名及 class 类名
外面大框	<div class="box">
菜单框	<div class="bottom_nav">
子菜单框	<div class="nav-submenu">
菜单项	<a>
子菜单项	<div class="sub_menu">

“商家”底部菜单对应的 HTML 代码如下：

```
<!DOCTYPE html>
<html>
<head>
    <title></title>
    <meta charset="utf-8">
<link rel="stylesheet" href="css/ys.css">
    </head>
    <body>
        <div class="box">
            <div class="bottom_nav">
                <div class="nav-submenu">
                    <div class="sub_menu">我的会员卡</div>
                    <div class="sub_menu">我的优惠券</div>
                    <div class="sub_menu">积分兑换</div>
                </div>
            <a href="">会员</a>
            </div>
            <div class="bottom_nav">
                <div class="nav-submenu">
                    <div class="sub_menu">拼团订单</div>
                    <div class="sub_menu">美团外卖</div>
                    <div class="sub_menu">网店点单</div>
                </div>
                <a href="">点单</a>
            </div>
            <div class="bottom_nav">
```

```
                <div class="nav-submenu">
                    <div class="sub_menu">门店信息</div>
                    <div class="sub_menu">门店热线</div>
                    <div class="sub_menu">招聘信息</div>
                </div>
                <a href="">信息</a>
            </div>

        </div>

    </body>

</html>
```

7.4.3 框架对应 CSS 样式分析

微课：商家底部菜单的 CSS

“商家”底部菜单框架嵌套的步骤：

步骤一：大框对应 CSS 代码如图 7-33 所示。

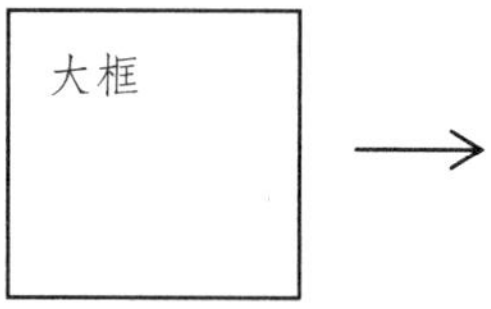


```
.box {
    /*设置宽度，固定定位，设置 z-index: 9999，保证该框在最顶上显示*/
  width: 754px;
  position: fixed ;
    z-index: 9999;
    /*左边距离 0px，底部距离 0px*/
    left: 0px;
    bottom: 0px;
    /*实现 flex 布局，主轴对齐方式是两端对齐，项目之间的间隔都相等*/
    display:flex;
    justify-content: space-between;
  /* 顶上边框线、字颜色、文本对齐、背景颜色*/
    border-top: 1px solid gainsboro;
    color: black;
    text-align: center;
    background-color: #f2f2f2;
}
```

图 7-33　框架嵌套步骤一对应 CSS 代码

步骤二：加入菜单框后对应 CSS 代码如图 7-34 所示。

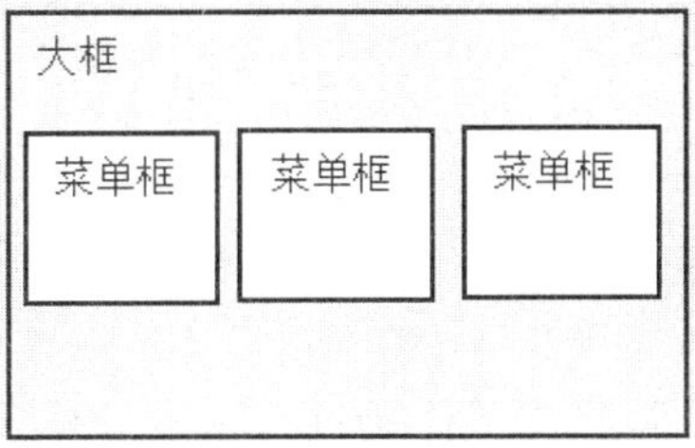


```
/*设置宽度为 250px、行高为 50px、左边框线*/
.bottom_nav {
    width:250px;
    line-height: 50px;
    border-left: 1px solid gainsboro;
}
```

图 7-34　框架嵌套步骤二对应 CSS 代码

步骤三：加入子菜单框和菜单项后对应 CSS 代码如图 7-35 所示。

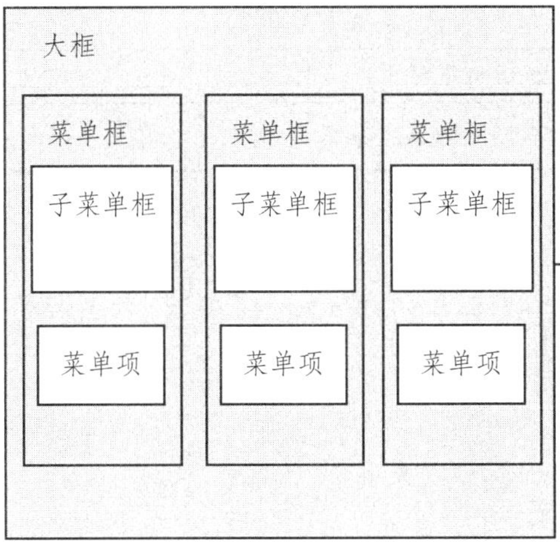


```
/*固定定位，底部位置为 50 px，设置宽度、左外边距、边框线、文本对齐、背景色、隐藏不可见*/
.nav-submenu{
    position: fixed;
    bottom: 50px;
    width: 250px;
    margin-left: -1px;
    border: 1px solid gainsboro;
    text-align: center;
    background-color: white;
    display: none;
}
/* 删除超链接文本下划线，设置文字颜色*/
a{
    text-decoration: none;
    color:#333;
}
```

图 7-35　框架嵌套步骤三对应 CSS 代码

步骤四：加入子菜单项后,，对应的 CSS 代码如图 7-36 所示。

```
/*子菜单项设置底部边框线 */
.sub_menu{
    border-bottom: 1.5px solid #F2F2F2;

}
/* 当鼠标移到菜单框上时子菜单框显示*/
 .bottom_nav:hover .nav-submenu{
    display: block;
}
```

图 7-36　框架嵌套步骤四对应 CSS 代码

对应的样式分析如表 7-4 所示。

表 7-4　对应的样式分析

序号	选择器	样式内容
样式初始化设置	*	清除所有标签默认的外边距和内边距
1	.box	设置宽度，固定定位，设置 z-index: 9999，保证该框在最顶上显示；左边距离 0px，底部距离 0px；实现 flex 布局，主轴对齐方式是两端对齐，项目之间的间隔都相等；设置行高、顶上边框线、字颜色、文本对齐、背景颜色
2	.bottom_nav	菜单框宽度为 250px，每一行的行高为 50px，设置左边框线、右边框线
3	.nav-submenu	子菜单框固定定位，底部距离为 50px，设置高度、宽度、左外边距、边框线、文本对齐、背景色、隐藏不可见
4	a	删除超链接文本下划线，设置文字颜色
5	.sub_menu	子菜单项设置底部边框线
6	.bottom_nav:hover .nav-submenu	当鼠标移到菜单框上时子菜单框显示

7.4.4　CSS 代码

对应的 CSS 代码如下：

```
*{margin:0;padding: 0;}
.box {
    /*固定定位、 z-index 值*/
    position: fixed ;
    z-index: 9999;
    /*左边距离 0px，底部距离 0px*/
    left: 0px;
    bottom: 0px;

    /*实现 flex 布局，主轴对齐方式是两端对齐，项目之间的间隔都相等*/
    display:flex;
    justify-content: space-between;
    width: 754px;
    /* 设置顶上边框线、字颜色、文本对齐、背景颜色 */
    border-top: 1px solid gainsboro;
    color: black;
    text-align: center;
```

```
        background-color: #f2f2f2;
    }
    /*菜单框宽度为 250px，行高为 50px，左边框线、右边框线*/

    .bottom_nav {
        width:250px;
        line-height: 50px;
        border-left: 1px solid gainsboro;
        border-right: 1px solid gainsboro;

    }
    /*子菜单框固定定位，底部位置为 50px，设置宽度、左外边距、边框线、文本对齐、背景色、隐藏不可见*/
    .nav-submenu{
        position: fixed;
        bottom: 50px;
        width: 250px;
        margin-left: -1px;
        border: 1px solid gainsboro;
        text-align: center;
        background-color: white;
        display: none;
    }
    /* 删除超链接文本下划线，设置文字颜色*/
    a{
        text-decoration: none;
        color:#333;
    }
    /*底部边框线 */
    .sub_menu{

        border-bottom: 1.5px solid #F2F2F2;
    }
    /*当鼠标移到菜单框上时子菜单框显示*/
    .bottom_nav:hover .nav-submenu{
        display: block;
    }
```

7.4.5 JavaScript 效果分析及编码

本案例的 JavaScript 效果：鼠标移到子菜单项上，该子菜单项的背景色会变为黄色，即给每一个子菜单项创建鼠标移上去的事件，将当前操作的子菜单项背景色变为黄色，分析步骤如下：

微课：商家底部菜单的 JS 效果

步骤一：

在<head>中引入<script type="text/javascript">，HTML 文档加载完毕执行下面代码，代码如图 7-37 所示。

```
<script type="text/javascript">
     window.onload = function() {

  }
</script>
```

图 7-37 步骤一

步骤二：获取类名为 sub_menu 的 DOM 对象集合，代码如图 7-38 所示。

```
<script type="text/javascript">
window.onload = function() {
    var sub_menu = document.getElementsByClassName("sub_menu");
 }
</script>
```

图 7-38 步骤二

步骤三：对子菜单项 sub_menu 集合做循环，给每一个 sub_menu 菜单项创建鼠标移上去的事件，事件操作为将当前操作的 sub_menu 菜单项的背景色设置为黄色，代码如图 7-39 所示。

```
<script type="text/javascript">
window.onload = function() {
 var sub_menu = document.getElementsByClassName("sub_menu");

        for(var i = 0; i < sub_menu.length; i++) {
            sub_menu[i].onmouseover = function() {
           this.style.background = "yellow";
            }
        }
 }
</script>
```

图 7-39 步骤三

JavaScript 代码如下：

```
<head>
        <title></title>
        <meta charset="utf-8">
        <script type="text/javascript">
            window.onload = function() {
                var sub_menu = document.getElementsByClassName("sub_menu");

                for(var i = 0; i < sub_menu.length; i++) {
                    sub_menu[i].onmouseover = function() {
                        this.style.background = "yellow";


                    }
                }


            }
        </script>
```

【本章小结】

本章介绍了 JavaScript 代码的引入、JavaScript 定义函数的方法、获取 DOM 元素的方法、鼠标事件的应用。最后，使用 JavaScript 完成“移动端底部菜单”网页的事件，给每一个子菜单项创建鼠标移上去的事件，将当前操作的子菜单项的背景色变为黄色。

【习题】

1. 简述 JavaScript 代码的内部引入与外部引入的区别。
2. 简述 JavaScript 定义函数的两种方法。
3. 简述 JavaScript 获取 DOM 元素的方法。
4. 简述 JavaScript 常用鼠标事件

第 8 章　HTML+CSS+jQuery 创建轮播图

jQuery 是一个流行的、优秀的 JavaScript 框架（JavaScript 代码库）。jQuery 就是把 JavaScript 常用的功能代码进行封装，简化了使用 Javascript 进行网页特效开发的复杂性，开发者可以写更少的代码，做更多的事情。本章主要学习 jQuery 选择器、jQuery 事件操作、jQuery 效果。

【学习目标】

（1）掌握引入 jQuery 代码的方法；

（2）掌握 jQuery 基本、并集、层级、过滤选择器；

（3）掌握 jQuery 链式操作方式；

（4）掌握 jQuery 常用鼠标事件操作；

（5）掌握 jQuery 标签操作、基本滑动、淡入/淡出、自定义动画。

8.1　jQuery 简介

1. jQuery 的定义

jQuery 是一个快速、简洁的 JavaScript 框架（JavaScript 代码库）。jQuery 极大地简化了 JavaScript 编程。jQuery 很容易学习，全球大部分的网站都使用 jQuery。

课件：HTML+CSS+jQuery 创建轮播图

微课：jQuery 简介

2. jQuery 的优点

（1）jQuery 文件非常小；

（2）强大的选择器；

（3）独特的链式操作方式；

（4）出色的浏览器兼容性；

（5）强大的动画效果；

（6）完善的 AJAX 交互；

（7）成熟的插件可供选择；

（8）可靠的事件处理机制；

（9）开源免费。

3. jQuery 的版本、下载及安装

jQuery 版本主要包括 1.X、2.X、3.X 版本。如果需要兼容 IE6、7、8，使用 1.X 的低版本，如果不需要兼容低版本浏览器，可以使用较新版本，如 2.X 或 3.X 版本。不论选择 jQuery 的哪个版本，使用方法都是一样的。jQuery 文件已经提前放到本书素材文件中，也可以在官方文档下载，然后复制到项目文件夹中。

jQuery 的安装就是引入 jQuery 文件。

【示例 8-1】引入 jquery-1.12.4.min.js 文件。

```
<script src="jquery-1.12.4.min.js"></script>
<script type="text/javascript">
    //你的 jQuery 代码
</script>
```

注意：

（1）必须先引入 jQuery 文件，jQuery 文件的路径一定要写正确。

（2）才能在下面的<script type="text/javascript"> </script>中写入 jQuery 代码，否则会出错。

8.2 jQuery 选择器

微课：jQuery 的选择器

jQuery 获取元素方法为：$(“选择器”)。jQuery 中有非常强大的选择器，表 8-1 中列出了几种常用的选择器。

表 8-1 常用选择器

选择器分类	格式	说明
基本选择器	$("#id 名")	通过 id 获取元素
	$(".class 类名")	通过类名获取元素
	$("标签名")	通过标签获取元素
并集选择器	$("选择器 1，选择器 2…")	多个选择器
层级选择器	$("A B ")	获取 A 元素内部的所有 B 元素
	$("A >B ")	获取 A 元素内部的所有 B 子元素（父子元素）
	$("A+ B ")	获得 A 元素后面的第一个 B 兄弟（兄弟关系）
	$("A ~ B ")	获得 A 元素后面的所有的兄弟 B（兄弟关系）

续表

选择器分类	格式	说明
过滤选择器	$("选择器:first")	选取第一个元素
	$("选择器:last")	选取最后一个元素
	$("选择器:not")	去除所有与给定选择器匹配的元素
	$("选择器:even")	选取所有元素中偶数的元素
	$("选择器:odd")	选取所有元素中奇数的元素
	$("选择器:eq")	选取指定索引的元素
	$("选择器:gt")	选取索引大于指定 index 的元素
	$("选择器:lt")	选取索引小于指定 index 的元素
属性选择器	$("选择器[属性]")	选择包含指定属性的元素
	$("选择器[属性=值]")	选择指定属性是某个特定值的元素
	$("选择器[属性!=值]")	选择指定属性不是某个特定值的元素

【示例 8-2】用 jQuery 代码设置 div 标签中“贵州百里杜鹃”文字颜色为红色。

HTML 和 jQuery 代码如下：

```
<!DOCTYPE html>
<html>
<head>
    <meta charset="UTF-8">
    <script src="jquery.min.js"></script>
    <script type="text/javascript">
            $(function(){
                //id 选择器
                $("#gz").css("color","red");
            })
        </script>
</head>
    <body>
        <div id="gz">贵州百里杜鹃</div>
</body>
</html>
```

运行效果如图 8-1 所示。

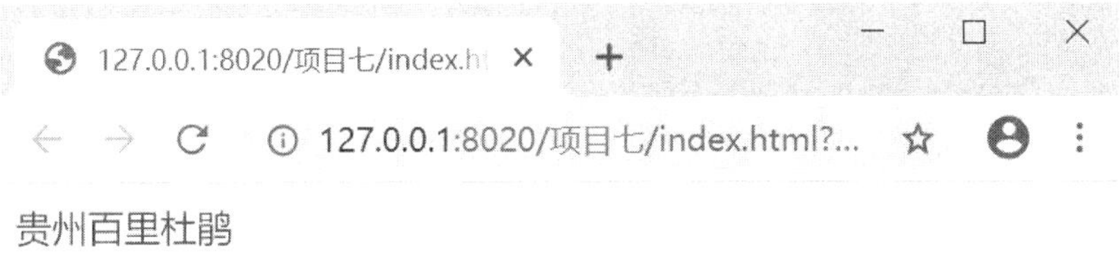

图 8-1　运行效果

重要说明：

（1）jQuery 的$(function(){})功能是先加载完 HTML 页面文档，相当于 JavaScript 的 window.onload=function(){}。

（2）jQuery 的 css 样式设置格式如下：

```
jQuery 对象.css("样式名","样式值");
```

8.3　jQuery 链式操作方式

微课：jQuery 的链式操作方法

jQuery 链式操作：

所有操作代码共享一个 jQuery 对象，省去了逐步查询 DOM 元素的性能损耗。对发生在同一个 jQuery 对象上的操作，可以直接连写，不需要重复获取对象。

示例：单击任意一项 span 元素，文字变红色，其他未选择的 span 元素，文字变蓝色

html 和 jQuery 代码如下：

```
<!DOCTYPE html>
<html>
<head>
        <meta charset="UTF-8">
<style type="text/css">
            span{display: block;font-size: 25px;}
        </style>
    <script src="jquery.min.js"></script>
    <script type="text/javascript">
            $(function(){
                $("#box span").click(function(){
                //对正在操作元素直接连写
                $(this).css("color","red").siblings().css("color","blue");
                })
            })
        </script>
```

```
    </head>
<body>
        <div id="box">
            <span>web 前端开发 1</span>
            <span>web 前端开发 2</span>
            <span>web 前端开发 3</span>
            <span>web 前端开发 4</span>
            <span>web 前端开发 5</span>
            <span>web 前端开发 6</span>
        </div>
    </body>
    </html>
```

运行效果如图 8-2 所示。

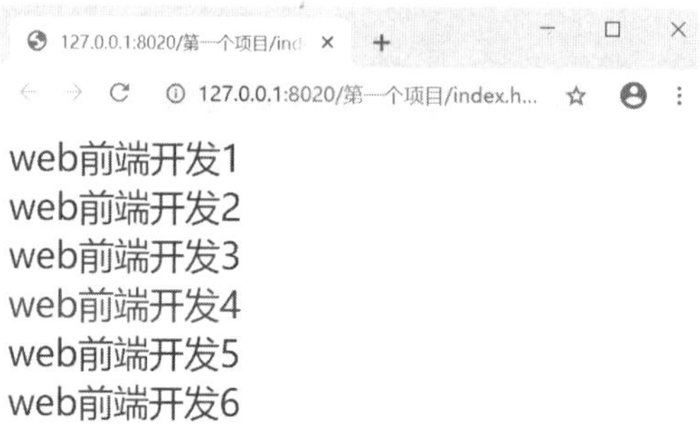

图 8-2　运行效果

重要说明：

（1）jQuery 单击事件语法格式：

```
jQuery 对象.click(function(){
……
}
```

（2）$(this)：当前操作的 HTML 元素。

（3）jQuery 中 CSS 样式设置：

```
jQuery 对象.css("属性名","属性值")
```

（4）jQuery 中常用查找方法：

siblings()：查找所有兄弟元素。

children()：查找所有子元素。

find()：查找与指定表达式匹配的元素。

parents()：查找唯一父元素。

（5）jQuery 中常用过滤元素方法：

eq(index)获取元素集合中第 *N* 个元素，index 为整数，指示元素的位置（最小为 0），如果是负数，则从集合中的最后一个元素往回计数。

first()获取元素集合中第一个元素。

last()获取元素集合中最后一个元素。

8.4 jQuery 鼠标事件

微课：jQuery 的鼠标事件

（1）jQuery 单击事件（鼠标按下再弹起）的格式：

```
jQuery 对象.click(function(){

}
```

（2）jQuery 双击事件（鼠标按下再弹起）的格式：

```
jQuery 对象.dbclick(function(){

});
```

（3）jQuery 鼠标按下事件的格式：

```
jQuery 对象.mousedown(function(){

});
```

（4）jQuery 鼠标弹起事件的格式：

```
jQuery 对象.mouseup(function(){

});
```

【示例 8-3】点击操作 id 名为 box 的 div，设置 p 元素背景为红色。

HTML 和 jQuery 代码如下：

```
<!DOCTYPE html>
<html>
    <head>
        <meta charset="UTF-8">
        <title></title>
        <style type="text/css">
            *{margin: 0;padding: 0;}
            #box{
                width: 100px;height: 100px;border: 1px solid black;
                margin: 40px auto;
            }
```

```
                #box P{
                        width: 50px;height: 50px;background: blue;
                        margin:40px auto;
                }
        </style>
    <script src="jquery.min.js"></script>
        <script type="text/javascript">
                $(function(){
                        $("#box").click(function(){
                                $("#box p").css("background","red");
                        });
                })
        </script>
    </head>
    <body>
        <div id="box">
                <p></p>
        </div>
    </body>
</html>
```

运行效果如图 8-3 所示。

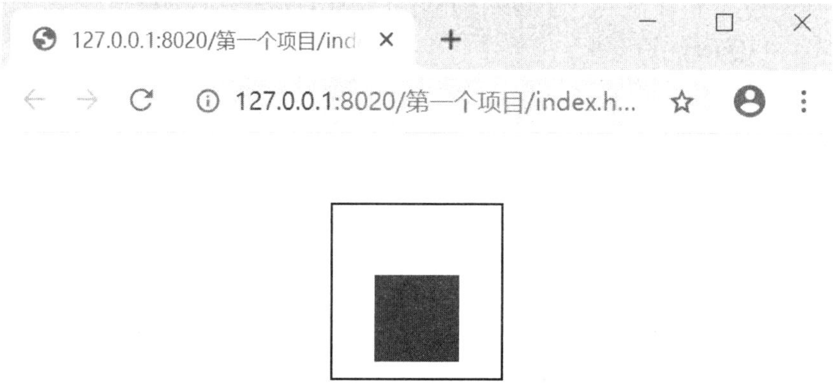

图 8-3　运行效果

8.5 jQuery 效果

8.5.1 标签操作

微课：jQuery 效果

1. 标签内容操作

（1）获取元素内容，返回内容包含标签，格式:

```
$(选择器).html();
```

（2）设置元素内容，重写元素内容，格式：

```
$(选择器).html(值);
```

【示例 8-4】单击 button 按钮事件，修改 div 元素内容。

HTML 和 jQuery 代码如下：

```
<!DOCTYPE html>
<html>
    <head>
        <meta charset="UTF-8">
        <style type="text/css">
            #box{width: 100px;height: 100px;border: 1px solid black;
                margin: 20px auto;text-align: center;
            }
            button{
                width: 100px;height: 30px;margin:0 auto;display: block;
            }
        </style>
        <script src="js/jquery.min.js" type="text/javascript" charset="utf-8"></script>
        <script type="text/javascript">
            $(function(){
                //1.获取元素内容，返回内容包含标签
            $("button").click(function(){
                var xs = $("#box").html();
                    console.log(xs);
                //2.设置元素内容，重写元素内容
                     xs = "<i>贵州欢迎您</i>";
                    $("#box").html(xs);
                })
```

```
            })
        </script>
    </head>
    <body>
        <div id="box">
            <p>Web 前端开发</p>
        </div>
        <button>点击</button>
    </body>
</html>
```

按钮点击之前和点击之后的效果如图 8-4 所示。

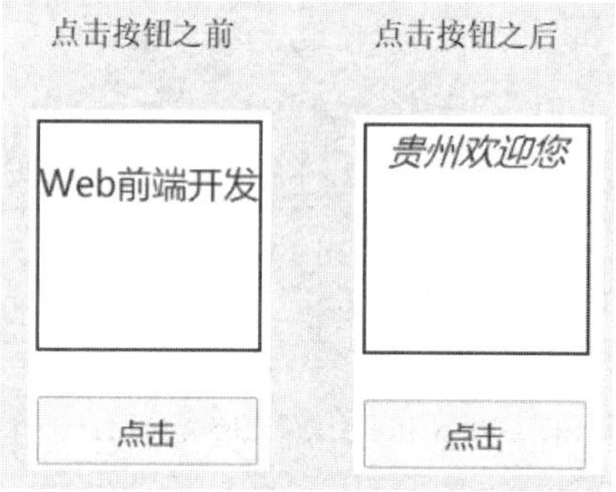

图 8-4　按钮点击之前和点击之后的效果

2. 标签属性操作

（1）获取元素属性，格式：

```
$(选择器).attr("属性名")
```

（2）设置元素属性，格式：

```
$(选择器).attr("属性名", 值)
```

【示例 8-5】单击 button 事件，获取 p 元素，重新设置它的 class 属性值为 xs1。

HTML 和 jQuery 代码如下：

```
<!DOCTYPE html>
<html>
    <head>
        <meta charset="UTF-8">
        <style type="text/css">
            #box{width: 150px;height: 100px;border: 1px solid black;
                margin: 30px auto;text-align: center;
            }
```

```
            button{
                width: 100px;height: 50px;margin:0 auto;display: block;
            }
            .xs{font-size: 18px;}
            .xs1{background: red;}
        </style>
        <script src="js/jquery.min.js" type="text/javascript" charset="utf-8"></script>
        <script type="text/javascript">
            $(function(){

                $("button").click(function(){
                //设置元素 class 属性
                    $("#box p").attr("class","xs1");
                });
            })
        </script>
    </head>
    <body>
        <div id="box">
            <p class="xs">Web 前端开发</p>
        </div>
        <button>点击</button>
    </body>
</html>
```

运行效果如图 8-5 所示。

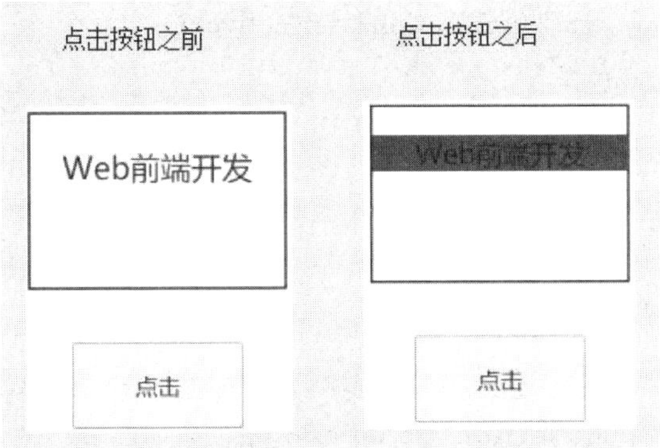

图 8-5　按钮点击之前和点击之后的效果

3. 标签样式操作

标签的样式常用操作如表 8-2 所示。

表 8-2 标签的样式常用操作

标签样式操作方法	含义
$(选择器).css(样式属性名，[值])	获取或设置被选元素的一个或多个样式属性
$(选择器).addClass(类名)	增加类名
$(选择器).removeClass(类名)	删除类名

【示例 8-6】点击按钮事件，给#xs1 元素删除类名 active，并给#xs2 元素添加类名 active。

HTML 和 jQuery 代码如下：

```
<!DOCTYPE html>
<html>
    <head>
        <meta charset="UTF-8">
        <style type="text/css">
            .active{color:red;}
        </style>
        <script src="js/jquery.min.js" type="text/javascript" charset="utf-8"></script>
        <script type="text/javascript">
            $(function(){
                //1.给元素删除类名
                $("button").click(function(){
                    $("#xs1").removeClass("active");
                //2.给元素增加类名
                    $("#xs2").addClass("active");
                });

            })
        </script>
    </head>
    <body>
            <p id="xs1" class="active">Web 前端开发 1</p>
            <p id="xs2">Web 前端开发 2</p>
        </div>
```

```
        <button>点击</button>
    </body>
</html>
```

运行效果如图 8-6 所示。

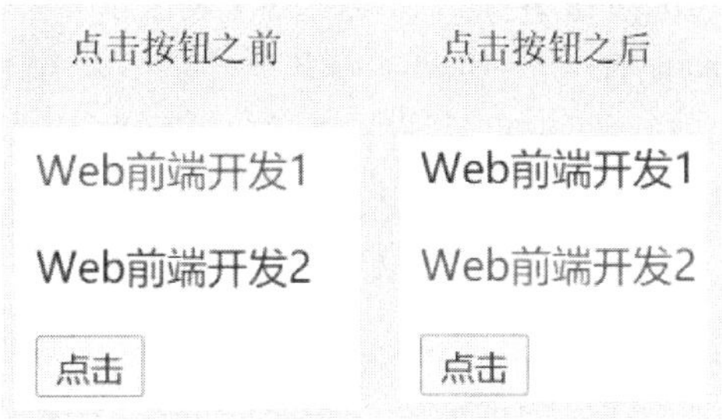

图 8-6　按钮点击之前和点击之后的效果

8.5.2　基本滑动、淡出/淡入

（1）常见的基本滑动和淡出/淡入方法如表 8-3 所示。

微课：jQuery 的基本滑动、淡出与淡入

表 8-3　常见基本滑动和淡出/淡入方法

方法名称	含义
show( )	显示元素
hide( )	隐藏元素
slidDown( )	向下滑动显示
slideUp( )	向上滑动收起隐藏
slideToggle( )	交替滑动状态
fadeIn( )	淡入
fadeOut( )	淡出
fadeTo( )	动画到指定透明度
fadeToggle( )	交替淡出、淡入状态

（2）show(参数 1, 参数 2, 参数 3) 显示元素。

参数 1：慢速“slow”，正常“normal”，快速“fast”，毫秒数。

参数 2：切换效果，很少用这个参数。默认为摆动“swing”，直线“linear”。

参数 3：动画完成时执行的函数。

【示例 8-7】单击 button 按钮事件，隐藏的图片被显示。

HTML 和 jQuery 代码如下：

```
<!DOCTYPE html>
<html>
    <head>
        <meta charset="UTF-8">
        <title></title>
        <style type="text/css">
            button{width: 200px;height: 40px;}
            img{
                display: none;
            }
        </style>
        <script src="jquery.min.js" type="text/javascript" charset="utf-8"></script>
        <script type="text/javascript">
            $(function(){
                $("button").click(function(){
                    $("#time").css("display","block");
                });
            })
        </script>

    </head>
    <body>
        <button >按钮</button>
        <img src="img/timg.jpg" width="500" id="time"/>
    </body>
</html>
```

点击按钮后的效果如图 8-7 所示。

图 8-7　点击按钮后的效果

8.5.3　自定义动画

微课：自定义动画

（1）常见自定义动画方法如表 8-4 所示。

表 8-4　常见自定义动画方法

自定义动画方法	含义
animate( )	自定义动画
stop( )	停止所有在指定元素上正在运行的动画
delay( )	设置一个延时来推迟执行队列中之后的项目
finish( )	停止当前正在运行的动画，删除所有排队的动画，并完成匹配元素所有的动画

（2）animate() 方法，其格式如下：

```
$(选择器).animate(styles,options)
```

执行 CSS 属性集的自定义动画。该方法通过 CSS 样式将元素从一个状态改变为另一个状态。CSS 属性值是逐渐改变的，这样就可以创建动画效果。

【示例 8-8】单击第一个按钮事件，使用动画增加盒子高度，单击第二个按钮，恢复盒子初始高度。

HTML 和 jQuery 代码如下

```
<!DOCTYPE html>
```

```
<html>

	<head>
		<meta charset="utf-8">
		<title></title>
		<script src="js/jquery.min.js"></script>
		<script>
			$(function() {
				$("#an1").click(function() {
					$("#box").animate({
						height: "400px"
					});
				});
				$("#an2").click(function() {
					$("#box").animate({
						height: "100px"
					});
				});
			});
		</script>
	</head>

	<body>

		<button id="an1">使用动画增加盒子高度</button>
		<button id="an2">恢复盒子初始高度</button>
	<div id="box" style="background:green;height:100px;width:100px;margin:5px;">
		</div>

	</body>

</html>
```

点击“使用动画增加盒子高度”按钮后的效果如图 8-8 所示。

点击“恢复盒子初始高度”按钮后的效果如图 8-9 所示。

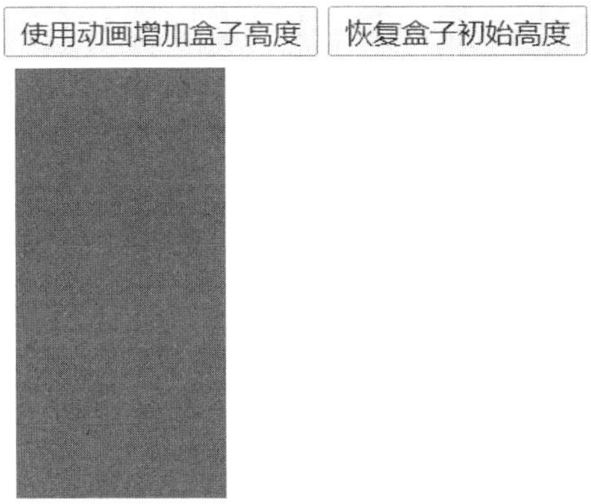

图 8-8　点击“使用动画增加盒子高度”按钮后的效果

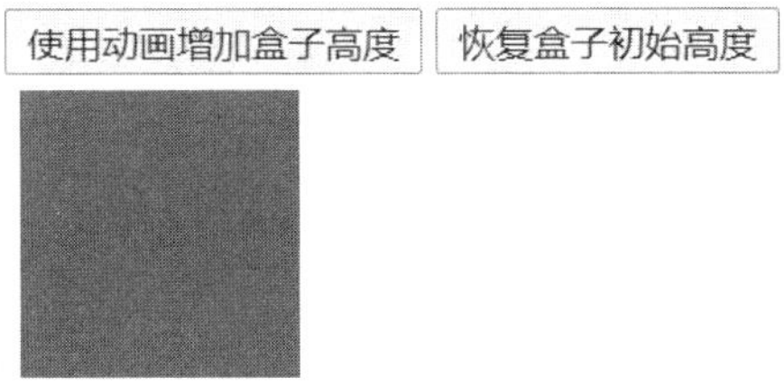

图 8-9　点击“恢复盒子初始高度”按钮后的效果

8.6　创建自动播放轮播图

8.6.1　框架分析

微课：自动播放轮播图的 HTML

4 张图每隔 2 s 自动从右向左轮播，效果如图 8-10 所示。该轮播图最外面有个框，框里面包含 2 部分：第 1 个部分里面有 5 张图（第 1 张图和第 5 张图是相同的，即文件名相同）；第 2 部分里面有 4 个小点。第 1 部分和第 2 部分用无序列表来实现。

图 8-10　自动播放轮播图

自动播放轮播图框架嵌套步骤如图 8-11 和图 8-12 所示。

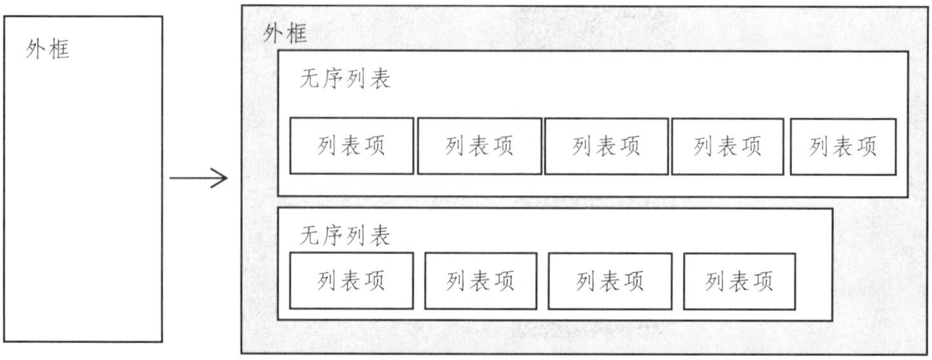

图 8-11　框架嵌套步骤一至步骤二

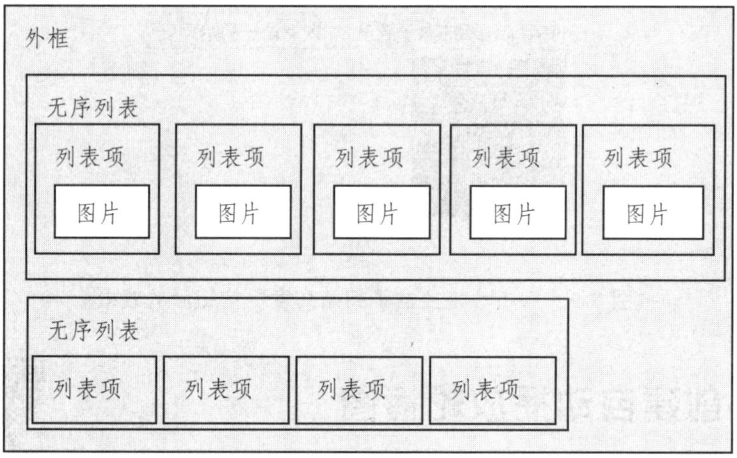

图 8-12　框架嵌套步骤三

8.6.2　框架对应 HTML 代码

自动播放轮播图框架嵌套的步骤：

步骤一：大框对应 HTML 代码如图 8-13 所示。

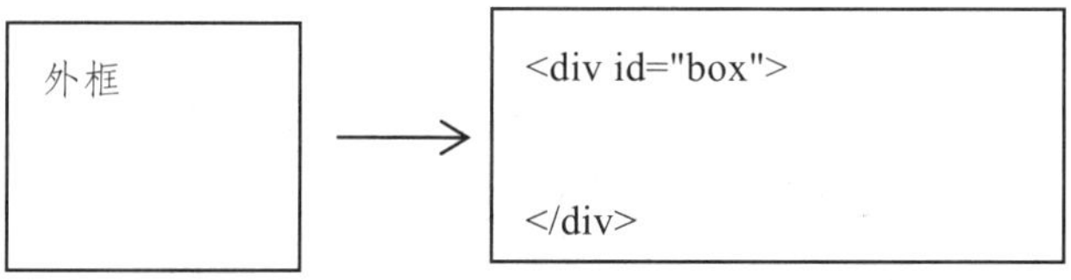

图 8-13　框架嵌套步骤一对应 HTML 代码

步骤二：加入 2 个无序列表后对应 HTML 代码如下图 8-14 所示。

步骤三：加入图片后对应 HTML 代码如图 8-15 所示。

自动播放轮播图对应的标签及 id 类名如表 8-5 所示。

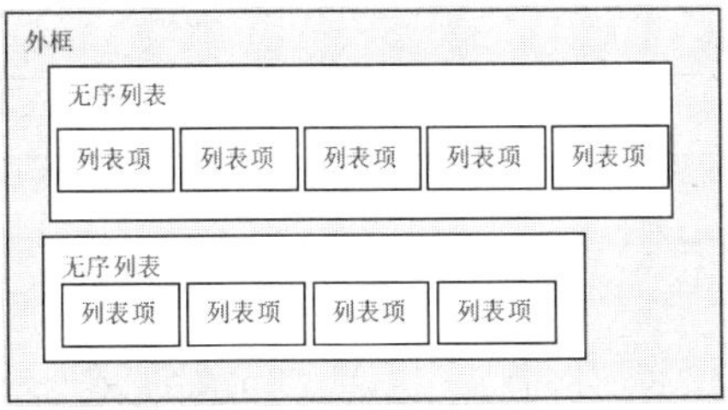

→

```
<div id="box">
  <ul id="slide">
        <li></li>
        <li></li>
        <li></li>
        <li></li>
        <li></li>
  </ul>
  <ul id="nav">
        <li class="red"></li>
        <li></li>
        <li></li>
        <li></li>
  </ul>
</div>
```

图 8-14　框架嵌套步骤二对应 HTML 代码

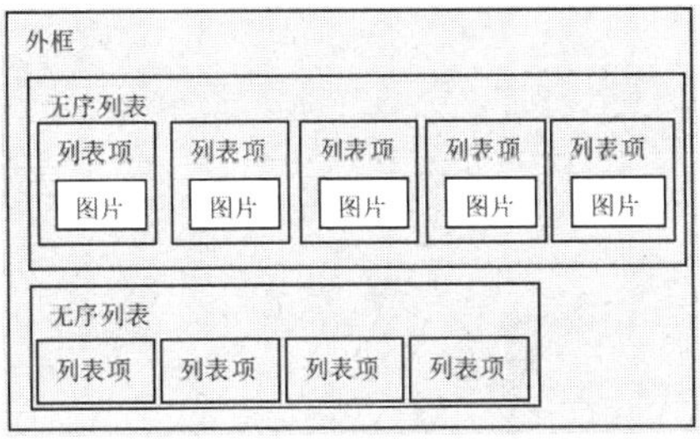

→

```
<div id="box">
  <ul id="slide">
    <li>
      <img src="img/gz1.jpg"/>
    </li>
    <li>
      <img src="img/gz2.jpg"/>
  </li>
  <li>
      <img src="img/gz3.jpg"/>
  </li>
  <li>
      <img src="img/gz4.jpg"/>
  </li>
  <li>
      <img src="img/gz1.jpg"/>
  </li>
  </ul>
  <ul id="nav">
     <li class="red"></li>
     <li></li>
     <li></li>
     <li></li>
  </ul>
```

图 8-15　框架嵌套步骤三对应 HTML 代码

表 8-5　自动播放轮播图对应的标签及 id 类名

框名称	对应的标签名及 class 类名
外框	<div id="box">
图片无序列表框	<ul id="slide">
小圆点无序列表框	<ul id="nav">

自动播放轮播图对应的 HTML 代码如下：

```
<!DOCTYPE html>
<html>
<head>
    <meta charset="utf-8">
<link rel="stylesheet" href="css/style.css">
</head>
<body>
        <div id="box">
            <ul id="slide">
                <li><img src="img/gz1.jpg"/></li>
                <li><img src="img/gz2.jpg"/></li>
                <li><img src="img/gz3.jpg"/></li>
                <li><img src="img/gz4.jpg"/></li>
                <li><img src="img/gz1.jpg"/></li>
            </ul>
            <ul id="nav">
                <li class="red"></li>
                <li></li>
                <li></li>
                <li></li>
            </ul>
        </div>
    </body>
</html>
```

8.6.3　框架对应 CSS 样式分析

自动播放轮播图框架嵌套的步骤：

步骤一：大框对应 CSS 代码如下图 8-16 所示。

步骤二：加入 2 个无序列表后 CSS 代码如图 8-17 所示。

微课：自动播放轮播图的 CSS

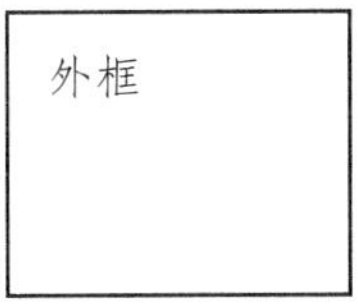


```
/*设置外框宽高为素材图片的宽高、溢出隐藏、相对定位 */
#box{
      width:300px;
      height: 200px;
      overflow: hidden;
      position:relative;
      }
```

图 8-16　框架嵌套步骤一对应 CSS 代码

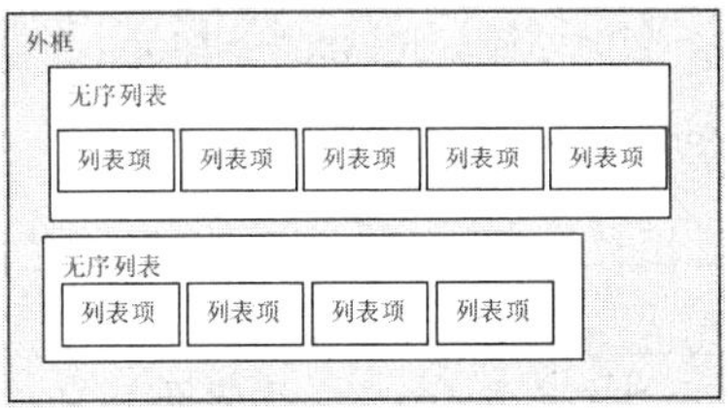


```
/* 图片列表框：宽度为 5 张素材图片宽度，即 300*5=1500px，高度为 1 张素材图片的高度 200px，溢出隐藏，定位为绝对定位，顶上和左边位置都是 0 */
#slide{
      width:1500px;
      height: 200px;
    overflow: hidden;
      position: absolute;
      top:0;
      left: 0;
      }
/* 列表项浮动朝左*/
#slide li{ float:left; }
/*小圆点列表框：绝对定位，底下位置为 5px，左边位置为 50%，宽度为 50px，高度为 10px，左外边距为-25px，弹性布局，每个项目两侧的间隔相等*/
#nav{
      position: absolute;
      bottom:5px;
      left:50%;
     width:50px;
     height:10px;
      margin-left:-25px;
      display: flex;
      justify-content: space-around;
      }
/* 小圆点列表项宽高都为 10px,设置背景色、倒圆角 */
#nav li{
      width:10px;
      height: 10px;
      background: #CCC;
      border-radius: 50%;
      }
/* 类名为 red 的元素设置为红色背景 */
#nav .red{
      background:red;
      }
```

图 8-17　框架嵌套步骤二对应 CSS 代码

步骤三：加入图片对应的 CSS 样式如图 8-18 所示。

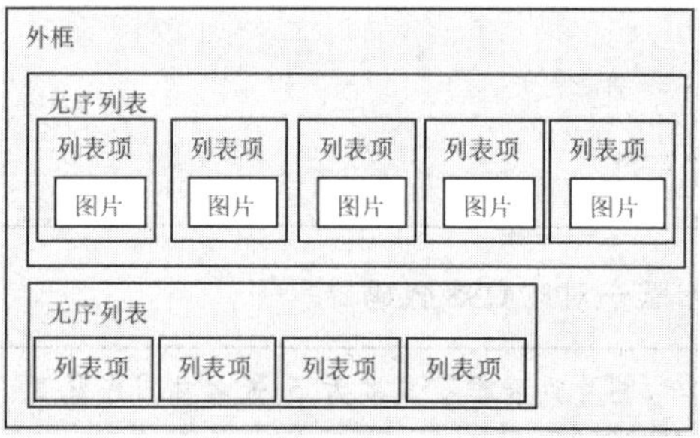


```
/*图片宽高与父级元素相同*/
#nav li img{
        width:100%;
        height:100%;
        }
```

图 8-18　框架嵌套步骤三对应 CSS 代码

本示例虽然是 4 张图轮播，但要使用 5 张图片作为轮播，方便最后一张和第一张接轨。每一张素材图片的宽度都是 300px，高度都是 200px。

自动播放轮播图对应的样式分析如表 8-6 所示。

表 8-6　自动播放轮播图对应的样式

序号	选择器	样式内容
样式初始化设置	* ul	清除所有标签默认的外边距和内边距， 清除无序列表项前小圆点
1	#box	设置外框宽高为素材图片的宽高、溢出隐藏、相对定位
2	#slide	图片列表框：宽度为 5 张素材图片宽度，即 300*5=1500px，高度为 1 张素材图片的高度 200px，定位为绝对定位，左边和顶上位置都是 0
3	#slide li	图片无充列表项：浮动朝左
5	#nav	小圆点列表框：绝对定位，底下位置为 5px，左边位置为 50%，宽度为 50px，高度为 10px，左外边距为-25px，弹性布局，每个项目两侧的间隔相等
6	#nav li	小圆点列表项宽高都为 10px，设置背景色、倒圆角
7	.red	背景色设置为红色
8	#nav li img	图片宽高与父级元素相同

8.6.4　CSS 代码

自动播放轮播图 CSS 代码如下：

```
*{
    margin: 0px;
    padding: 0px;
}
```

```
li {
    list-style: none;
}
/*设置外框宽高为素材图片的宽高、溢出隐藏、相对定位*/

#box {
    width: 300px;
    height: 200px;
    overflow: hidden;
    position: relative;
}
/* 图片列表框：宽度为 5 张素材图片宽度，即 300*5=1500px，高度为 1 张素材图片的高度 200px，溢出隐藏，定位为绝对定位，顶上和左边位置都是 0*/

#slide {
    width: 1500px;
    height: 200px;
    overflow: hidden;
    position: absolute;
    top: 0;
    left: 0;
}
/* 列表项浮动朝左*/

#slide li {
    float: left;
}
/*小圆点列表框：绝对定位，底下位置为 5px，左边位置为 50%，宽度为 50px，高度为 10px，左外边距为-25px，弹性布局，每个项目两侧的间隔相等*/

#nav {
    position: absolute;
    bottom: 5px;
    left: 50%;
    width: 50px;
    height: 10px;
```

```
        margin-left: -25px;
        display: flex;
        justify-content: space-around;
    }
    /* 小圆点列表项宽高都为 10px，设置背景色、倒圆角*/

    #nav li {
        width: 10px;
        height: 10px;
        background: #CCC;
        border-radius: 50%;
    }
    /* 类名为 red 的元素设置为红色背景*/

    #nav .red {
        background: red;
    }
    /*图片宽高与父级元素相同*/

    #nav li img {
        width: 100%;
        height: 100%;
    }
```

8.6.5 jQuery 效果分析与编码

微课：自动播放轮播图的 jQuery

jQuery 实现自动播放轮播图，每 2 秒自动播放下一张图片。原理分析步骤如下：

步骤一：在 HTML 文件的<head></head>标签中引入 jQuery 文件，引入 javascript 代码，加载完 HTML 节点后执行下面代码。代码如图 8-19 所示。

```
<script src="js/jquery-3.4.1.min.js" type="text/javascript" charset="utf-8"></script>
<script type="text/javascript">
  $(function(){

  })
</script>
```

图 8-19 步骤一

步骤二：定义 num 变量并赋值为 0，设置定时器（每 2 秒执行一次 nb 函数），如图 8-20 所示。

```
<script src="js/jquery-3.4.1.min.js" type="text/javascript" charset="utf-8"></script>
<script type="text/javascript">
  $(function(){
              var num=0;
              var time=setInterval(nb,2000);

  })
</script>
```

图 8-20　步骤二

步骤三：定义 nb 函数：实现图片的自动轮播（num 自增加 1，如果 num==5，表明图片已移到最后，设置图片列表框左边位置为 0，并设置集合下标为 1，否则 num 不为 5 时，图片列表项左边的值为 num*-300，即从右往左移一张图片的位置），代码如图 8-21 所示。

```
<script src="js/jquery-3.4.1.min.js" type="text/javascript" charset="utf-8"></script>
<script type="text/javascript">
$(function(){
      var num=0;
      var time=setInterval(nb,2000);
         function nb(){
            num++;
            if(num==5){
                     $("#slide").css({left:0});
                     num=1;
                     }
            $("#slide").animate({left:num*-300+"px"})
            }

    })
```

图 8-21　步骤三

步骤四：继续完成 nb 函数的定义：完成小圆点的自动切换（如果 num==4，表明小圆点已移到最后；给下标是 0 的小圆点，增加 red 类名，其他兄弟节点删除 red 类名，否则 num 不为 4 时，给当前小圆点，增加 red 类名，其他兄弟节点删除 red 类名）代码如图 8-22 所示。

```
<script src="js/jquery-3.4.1.min.js" type="text/javascript" charset="utf-8"></script>
    <script type="text/javascript">
        $(function(){
            var num=0;
            var time=setInterval(nb,2000);
            function nb(){
                num++;
                if(num==5){
                    $("#slide").css({left:0});
                    num=1;
                }
                $("#slide").animate({left:num*-300+"px"})
            if(num==4){
            $("#nav li").eq(0).addClass("red").siblings("li").removeClass("red");
                    }else{
            $("#nav li").eq(num).addClass("red").siblings("li").removeClass("red");
                        }
    }
    })
    </script>
```

图 8-22　步骤四

JavaScript 代码如下：

```
<script src="js/jquery-3.4.1.min.js" type="text/javascript" charset="utf-8"></script>
    <script type="text/javascript">
        $(function(){
            var num=0;
              var time=setInterval(nb,2000);
            function nb(){
                num++;
                if(num==5){


                    $("#slide").css({left:0});
                    num=1;
```

```
            }
            $("#slide").animate({left:num*-300+"px"})

            if(num==4){
                $("#nav li").eq(0).addClass("red").siblings("li").removeClass
                "red");
            }else{
            $("#nav li").eq(num).addClass("red").siblings("li").removeClass("red");
            }
        }


    })
</script>
```

【本章小结】

本章介绍了 jQuery 的引入、jQuery 强大的选择器、jQuery 事件操作和 jQuery 效果，最后用 jQuery 制作“轮播图”网页自动播放效果，每 2 s 自动播放下一张轮播图片的特效。

【习题】

1. 简述引入 jQuery 代码的方法。
2. 常用的 jQuery 过滤选择器是哪些？
3. jQuery 常用鼠标事件操作是哪些？
4. 用 HTML+CSS+jQuery 制作自己家乡的美食轮播图。

参考文献

[1] 工业和信息化部教育与考试中心. Web 前端开发（初级）（上册）[M]. 北京:电子工业出版社，2019.

[2] 工业和信息化部教育与考试中心. Web 前端开发（初级）（下册）[M]. 北京:电子工业出版社，2019.

[3] 北京新奥时代科技有限责任公司. Web 前端开发实训案例教程（初级）[M]. 北京:电子工业出版社，2019.

案例素材及程序代码